Helmut F. Mikelskis

Bachelor and Master of Disaster – Abschied von einem Universitätsstudium als Ort humaner Bildung?

ZeitZeugnis.

Vitale Historiographien
aus den Wissenschaften

Hrsg. von Hartwig Kalverkämper

Band 3

Helmut F. Mikelskis

Bachelor and Master of Disaster – Abschied von einem Universitätsstudium als Ort humaner Bildung?

Frank & Timme
Verlag für wissenschaftliche Literatur

Umschlagabbildung: Potsdam – Germany © powell83 – Fotolia.com

Vor dem Ehrenhof des Schlosses Sanssouci in Potsdam ist der Rossbrunnen zu finden. 20 Jahre lang konnte ich auf meinem Weg zur Arbeit die restaurierte Kaskade des Rossbrunnens – im Volksmund oft auch abschätzig „die Viehtränke" genannt – mit Blick auf den Ruinenberg, bestaunen.

ISBN 978-3-7329-0383-2
ISBN (E-Book) 978-3-7329-9635-3
ISSN 2365-2403

Herstellung durch Frank & Timme GmbH,
Wittelsbacherstraße 27a, 10707 Berlin.
Printed in Germany.
Gedruckt auf säurefreiem, alterungsbeständigem Papier.

www.frank-timme.de

Meinen Enkeln
Linus von Oppen
und Emil Mikelskis
in Liebe und Dankbarkeit gewidmet

Inhalt

Vorwort

Die Bologna-Erklärung der Hochschulministerinnen und -minister aus 30 europäischen Ländern vom 19. Juni 1999 hat mir das letzte Jahrzehnt des vorigen Jahrhunderts als Hochschullehrer leider so ziemlich unverschuldet verhagelt!

Zum Glück hat das soeben erschienene neue Buch über die „Universität nach Bologna“ meine Kritik an den Bachelorstudiengängen nachhaltig bestätigt. Aber auch in diesem aktuellen sehr an Österreich orientierten Tagungsband aus unserem Nachbarland stehen, wie meistens, die philosophischen, literatur- und geisteswissenschaftlichen Fächer fast vollkommen im Vordergrund der Betrachtung.

Erfreulich ist ebenfalls für mich das kritische Urteil eines früheren Kampfgefährten, des Oldenburger Reformrektors Michael Daxner, gegen eine verstaubte Universität.

Bei all den Bachelor- und Masterdebatten sind die Naturwissenschaften oder gar die Physik stets am Rande vertreten. Vielmehr führen hier vor allem Geistes- und Sprachwissenschaftler oder Philosophen kritische Kommentare an, deren Werke dem angefügten Literaturverzeichnis zu entnehmen sind.

Als Physiker kann ich mich den genannten Kritikpunkten in groben Zügen anschließen. Jedoch möchte ich meine Sichtweise, die eines Naturwissenschaftlers, in diese Debatte grundlegend einbringen und mich auf die relevante Literaturlage als Reaktion auf die großangelegte europäische, bürokratische Studienreform beziehen.

Ohne jegliche Vorbereitung, Ankündigung oder gar kritische Diskussion, geschweige denn der mir wichtigen demokratischen Partizipation wurden die bewährten Diplom- oder Staatsexamensstudiengänge ersetzt durch zweifelhafte Bachelor- und Masterstrukturen. Eine solche Umstellung erfolgte in nahezu allen Fächern der Universität. Über meine Erfahrungen und Erlebnisse damit will ich in dem vorgelegten Buch berichten.

Hinzu kam, dass fachspezifische Gesichtspunkte, insbesondere in den Naturwissenschaften oder gar der Physik, bei allen bildungspolitisch relevanten Bachelor- und Masterdiskussionen kaum eine nennenswerte Rolle spielten.

Zudem schienen fast alle betroffenen Ministerien und die Universitätsverwaltungen von der bundesweiten Reform vollkommen überrollt zu sein. Denn sie traten lediglich als überforderte, blinde Erfüllungsgehilfen der Organisationen OECD, BMFT, KMK und anderen vor allem bürokratisch agierenden Einrichtungen und Verbänden auf, mit jeweils wenig oder offensichtlich nahezu gar keinem nennenswerten erkennbaren Sachverstand.

Hierbei sei anzumerken, dass ich mit unserer damaligen Brandenburger Wissenschaftsministerin, übrigens der späteren Bundesministerin für Bildung und Wissenschaft, Johanna Wanka, und ihrem Hause stets respektvoll und konstruktiv zusammenarbeitete. Trotz vieler parteipolitischer Differenzen rangen wir bei der Erstellung der neuen und umstrittenen Studienordnungen mit Bachelor- und Masterstudiengängen um eine gemeinsame und sinnvolle Umsetzung.

Dies ist umso erstaunlicher, da die bildungspolitische Zusammenarbeit mit meinem damaligen sozialdemokratischen Parteifreund Steffen Reiche in der Regel kontrovers war.

Meine hochschulpolitischen Erfahrungen sind auf verschiedenen Ebenen angesiedelt. Nach einem Diplomstudium im Fach Physik in Göttingen mit den Schwerpunkten Astrophysik und Laseroptik sowie einem Vordiplom in Pädagogik promovierte ich in der Physikdidaktik in Kiel und Bremen.

Nach bildungspolitischer Arbeit in Schleswig-Holstein und Forschungstätigkeiten als wissenschaftlicher Mitarbeiter am IPN bekam ich 1992 dann einen Ruf auf eine C4-Professur für „Didaktik der Physik“ in Potsdam. Dort hatte ich als Dekan und Institutsleiter der Physik Begegnungen mit den Bachelor- und Master-Studiengängen.

Meine vielfältigen eigenen Erfahrungen sind die Grundlage des vorliegenden Buches. Vieles mag typisch für einen Naturwissenschaftler sein, aber angesichts der von Geistes-

und Sprachwissenschaftlern dominierten Literaturlage zur Bologna-Reform soll hier bewusst der fehlende naturwissenschaftliche Bereich der Bologna-Kritik grundlegend angefügt werden.

Auch stehen, neben der Physik und den Naturwissenschaften, die Lehrerbildung und die Pädagogik ganz besonders im Fokus der Betrachtungen und sollen ausführlicher diskutiert und auch kritisiert werden. Erfahrungen und kritische Anmerkungen jeglicher Art sind mir jederzeit herzlich willkommen.

1 Wie bei mir alles begann: Mein Diplomstudium Physik in Göttingen 1968 – Es war eben früher auch nicht alles gut!

Als ich im Sommer des Jahres 1968 – vor nunmehr fast vier Jahrzehnten(!) – mit dem Studium in Göttingen begann, hatte das eine lange personenspezifische Vorgeschichte.

Das ist hier zwar eine sehr subjektive Einführung, aber sie ist dennoch ausgesprochen exemplarisch für einen „Alt-68er“ – und doch nicht!?

Nach all meinen Erfahrungen bekenne ich mich als expliziter Kritiker des heute entstandenen „Bachelor-Master-Desasters“, wie ich es nenne. Ich bedaure das Verschwinden des einstmals wirklich bildenden Universitätsstudiums in Deutschland, das ich noch erleben durfte und das keineswegs perfekt war.

Ich will das damalige Studium nicht nostalgisch glorifizieren, zumal wir gegen dieses häufig auf der Straße waren, nicht nur gegen Notstandsgesetze, Nachrüstung und Atomkraftwerke, sondern auch gegen Fahrpreiserhöhungen oder die teilweise außerordentlich autoritäre und dirigistische Universitätspolitik.

Zurück in den Sommer 1968, meine persönlichen Motive für die Fach- und Studienortwahl waren seinerzeit sehr vielschichtig. Da es seinerzeit zwischen meiner nordhessischen Heimatstadt Bad Hersfeld und der südniedersächsischen Universitätsstadt Göttingen eine direkte und schnelle Zugverbindung gab, die ich als Eisenbahnersohn zudem außerordentlich preisgünstig oder gar völlig kostenfrei nutzen konnte, fiel meine Studienplatzentscheidung fast eher pragmatisch und zufällig auf die malerische Universitätsstadt außerhalb der Grenzen des Landes Hessen.

Wirkliches Heimweh nach meiner eher wohl provinziellen Geburtsstadt Bad Hersfeld ist bei mir allerdings zu keinem

Zeitpunkt jemals wirklich aufgekommen, obwohl ich damals das benachbarte Niedersachsen als eine Art politisches „Feindesland“ empfand.

Die über zwei Jahrzehnte andauernde hessische Nachkriegs-Herrschaft der SPD durch den Sozialdemokraten Georg August Zinn war für mich wie ein selbstverständliches Naturgesetz und hat meine Kindheit zudem total geprägt.

In Niedersachsen herrschte hingegen die CDU mit Ernst Albrecht von 1970 bis 1990, was mir stets unangenehm war. Die Tochter von Ernst Albrecht, Ursula von der Leyen, führte später verschiedene Bundesministerien für die CDU.

Erst Ende der achtziger Jahre begann dann die SPD-Herrschaft Gerhard Schröders in Niedersachsen. Diesen Sozialdemokraten habe ich, im Übrigen wie auch Helmut Schmidt, nie gemocht. Brandt war da völlig anders, etwa mit seiner Friedenspolitik!

Ich verließ mein Bundesland, um zu studieren. Die meisten meiner Mitschüler zog es eher ins nahe hessische Marburg, Gießen oder Frankfurt. Somit blieben sie „Landeskinder“. Aber für ein Physikstudium waren diese Städte für mich zu wenig attraktiv.

Hierbei sei zu erwähnen, dass ich als Hesse für den Rest meines Lebens niemals mehr in mein Geburtsland als Wohnsitz zurückkehrte. Kiel, Potsdam mit Berlin und Freiburg waren und sind durchaus angenehme neue „Heimatstädte“, in denen ich mich außerordentlich wohlfühlte.

Später bereiste ich dann die weite Welt wie etwa: Amsterdam, Athen, Ankara, Bern, Belgrad, Brüssel, Budapest, Helsinki, Lissabon, London, Paris, Oslo, Tirana, Stockholm, Sarajewo, Tallin, Jerusalem, Riga, Reykjavik, Venedig, Vilnius, Warschau, Wien und Zagreb. Ebenfalls standen Afrika und Amerika auf meinem Reiseplan in der weiten Welt wie etwa die Städte: Kairo, Tunis, New York, San Francisco oder Toronto.

Die Wahl des Studienfaches fiel mir ebenfalls nicht gerade leicht. Ich war, gegen einen kleinen Verdienst an Zeilengeld, als freier Mitarbeiter journalistisch für eine unserer lokalen Tageszeitungen, die „Fuldaer Volkszeitung“, tätig. Für den redaktionellen Wochenenddienst gab es ein verhältnismäßig gutes Honorar. Für mich als Schüler mit bedürftigen Eltern ein Superverdienst und viel besser als Zeitungen auszutragen oder im Supermarkt Kisten auszupacken, was viele Mitschüler damals gerne unternahmen.

Die meistverbreitete „Hersfelder Zeitung" war mir hingegen schon immer viel zu konservativ und da ich mich als Schülerzeitungsredakteur häufig im Schreiben übte und zudem politisch sehr interessierte, waren Literatur- und Theaterwissenschaften oder Germanistik für mich durchaus attraktive, anzustrebende Berufsziele, über die ich ernsthaft nachdachte.

Auch hatte ich Aufsatzwettbewerbe unserer Schülerzeitung gewonnen. So träumte ich davon, etwa Wissenschaftsjournalist zu werden, um die von mir so geliebten Naturwissenschaften, wie die Physik, der Öffentlichkeit näherbringen zu können.

Neben den Naturwissenschaften gehörte ebenfalls das Theater zu meinen großen Leidenschaften. Die Bad Hersfelder Festspiele, u. a. mit Theo Lingen, Götz George, Walter Giller, Volker Lechtenbrink, Axel Prahl oder Heinz Hoenig im Schauspielensemble, führten mich schon früh ans Theater heran. Der Vater meines besten Freundes betrieb die Festspielkantine und verschaffte mir so auch Kontakte zu dieser ganz anderen Welt.

Später übten zum Beispiel Hilberts Stadttheater in Göttingen oder Brechts Berliner Ensemble ebenfalls eine große Anziehungskraft auf mich aus. Aber hatte ich in diesen Häusern mit meinen Voraussetzungen wirklich eine realistische Berufschance?

Mit meiner Herkunft aus dem Proletariat, der finanziellen Mangelsituation und vor allem gegen den Rat meiner Eltern wollte ich nun zunächst nichts in dieser Richtung studieren. Zur damaligen Zeit war ein Studium gewiss ein großes Privileg wie auch ein Studienfach frei wählen zu können.

Ebenso prägte mich die Zeit, damals sogenannter „Staatenloser" zu sein, politisch sowie menschlich, obwohl mir das zuerst überhaupt noch nicht so recht bewusst war. Denn ich hatte es erst viel später erfahren. Vielleicht ist das auch eine

Ursache dafür, dass ich mich niemals als echter Deutscher fühlte?

Ferner legte meine Herkunft aus der Arbeiterklasse, zudem mit einem Vater mit Migrations-Hintergrund, wie man das heute nennt, und nur gebrochenem Deutsch bestenfalls einen technisch orientierten Beruf wie etwa zum Beispiel Betriebsingenieur bei der Deutschen Bundesbahn nahe.

Mit dieser Herkunft aus der Arbeiterklasse und dem Migrations-Hintergrund war es keineswegs selbstverständlich, überhaupt irgendein Studium aufnehmen zu können, was sich bis heute leider immer noch nicht grundlegend geändert hat!

In der Grundschule versammelten sich in meiner ersten Klasse 1a Mitte der fünfziger Jahre immerhin 56 (!) Jungen in einem völlig überfüllten Raum mit teilweise festen Bankreihen und an den Rändern mit sieben Vierertischen, wo ich einen Stuhl einnahm.

Von Koedukation war damals bei uns noch überhaupt keine Rede. Es gab eben ein Gymnasium für uns Jungen und ein Lyzeum, einige Häuser entfernt, für die Mädchen.

Dann hatten wir, wie seinerzeit üblich, eine einwöchige strenge Aufnahmeprüfung ins städtische Gymnasium. Es waren weit über hundert Bewerber aus dem Umland und der Stadt, die von ihren Grundschulen vorgeschlagen wurden. Aus meiner Grundschulklasse traf ich dann schließlich nur fünf Schüler in der Sexta des Gymnasiums wieder.

Damals gingen nur weniger als zehn Prozent eines Jahrgangs auf das Gymnasium, unsere Quote entsprach also dem deutschen Durchschnitt – in der BRD wie in der DDR. Ähnlich sah es an den Universitäten aus: So stieg erst in den sechziger Jahren die Quote der Studienanfänger deutlich an, nach zunächst nur fünf Prozent nach dem Krieg und knapp zehn Prozent zu meiner Zeit in den Fünfzigern. Heute liegen wir bei 40 bis 50 Prozent!

Auf dem Gymnasium kam ich mir neben den Söhnen eines Medizinaldirektors vom Gesundheitsamt, eines ortsansässigen Wirtes, der nebenbei Betreiber der Festspielkantine war, eines Polizeibeamten, eines Lehrers oder des Direktors von Pepsi-

Cola manchmal eher etwas fremd und völlig verloren vor. Und meinen Eltern erging es bei Elternabenden wohl ebenso.

Aber sie waren auch sehr stolz. Denn von der 1. bis zur 13. Klasse war ich dann stets der Beste meines Jahrgangs mit zahlreichen Auszeichnungen und Buchprämien, die ich jeweils sofort wissbegierig verschlang. Themen waren u. a. „Forschung und Erfindungen", das „Elektronengehirn" und Robert Jungks „Große Maschine" über das Elektronensynchrotron.

Schließlich bekam ich ein Buch über das Segeln mit der Gorch Fock. Mein Leben als Physiker und Segler war offensichtlich durch meine Buchpreise schon früh irgendwie seltsam determiniert.

Das Interesse an Naturwissenschaften und Technik hatte ich sowohl der genetischen Veranlagung als auch wohl meiner ehrgeizigen Mutter zu verdanken. Der Ehrgeiz meiner Mutter hatte durchaus große Vorteile für mich, war aber keineswegs ein Vorbild für die Erziehung meiner beiden Söhne. Ich vertrat stets eher weniger autoritäre Erziehungsprinzipien.

Bei der Berufswahl wurde ich von der elektronischen Rechenmaschine „Zuse-Z3" des ortsansässigen Siemenswerkes motiviert. Aufgrund meiner Veranlagungen und Interessen hatte ich die Naturwissenschaften von Anfang an im Auge und strebte einen entsprechenden Ingenieurberuf immer konsequent an.

Hinzu kam, dass der Horizont meiner Eltern bezüglich der Berufswahl eingeschränkt war. Arzt oder Lehrer, was sie kannten, wäre vielleicht noch gegangen. Aber beides war für mich völlig tabu. Auch der Betriebsingenieur bei der Bahn war für mich niemals ein wirklich attraktives Berufsziel. Für das Studienfach Physik sprach vor allem mein Schulerfolg im mathematisch-naturwissenschaftlichen Zweig des Gymnasiums.

Des Weiteren war für mich die Göttinger Ansammlung von Nobelpreisträgern und Spitzenforschern in der Physik sehr anziehend, die ich meistens aus dem Physikunterricht bereits kannte.

Oder den Astronomen Carl Friedrich Gauß und den Mathematiker David Hilbert. Nicht zu vergessen Max Born und Otto Hahn oder Max Planck und Wolfgang Pauli. Sie alle waren einst weltbekannte Göttinger Größen.

Friedrich Hund und Robert Wichard Pohl traf ich später wie selbstverständlich auf dem Flur oder im gemeinsamen Institutskolloquium. Sie waren und blieben so etwas wie motivierende leibhaftige Vorbilder für führende deutsche Wissenschaftler. Vorbilder für die Wissenschaft in Göttingen waren auch Otto Hahn, Max von Laue und Carl-Friedrich von Weizsäcker, Max Born und Werner Heisenberg, welche die Göttinger Erklärung gegen atomare Bewaffnung der Bundeswehr und gegen die weltweite atomare Aufrüstung mit vertraten.

Göttingen war für mich nicht nur aus der naturwissenschaftlichen Perspektive interessant. Die „Göttinger Sieben" mit den Gebrüdern Grimm machten mir die Stadt ebenfalls sehr sympathisch.

Ferner studierten in Göttingen in der juristischen Fakultät auf einem anderen Campus übrigens parallel der damalige Asta-Vorsitzende Gerhard Schröder (drei Jahre älter als ich) und Thomas Oppermann (sieben Jahre jünger als ich), die späteren „SPD-Größen". Die traf man beim häufigen „Teach-in" im Audimax.

Man konnte auch das langjährige GEW-Vorstandsmitglied Gerd Köhler in Göttingen antreffen, der von 66 bis 72 Geschichte und Politik studierte und mit dem ich später noch häufig Kontakt hatte. Er war dann im Übrigen ab 1999 Mitglied im deutschen Akkreditierungsrat für die Bachelor- und Masterstudiengänge und Mitglied der Nationalen „Bologna Follow-up"-Gruppe.

Jürgen Trittin vom Kommunistischen Bund habe ich nicht mehr treffen können, da er um einiges jünger war als ich und erst von 1975 bis 1981 ein Studium der Sozialwissenschaften an der Georg-August-Universität Göttingen absolvierte.

Das Physikstudium begann für mich als mehrfach ausgezeichnetem Schüler und Jahrgangbesten allerdings mit einem gewaltigen Schock. Im ersten Semester, das wegen des damaligen allgemeinen Studienbeginns im Wintersemester unvorteilhaft war, weil gerade Sommer herrschte, erschienen mir die Vorlesungen in Theoretischer Physik und Mathematik zunächst vollkommen unverständlich! Wozu sollte ich eigentlich beweisen, dass z. B. 1 ungleich 0 war, wenn es doch ganz offensichtlich war?

Der Unterschied zwischen Schule und Universität ist wohl noch heute vorhanden. Insbesondere trifft das in den Naturwissenschaften und der Technik zu.

Im ersten Semester meines Studiums begann ich, obwohl – wie bereits erwähnt – stets Klassenbester, an meinem Abitur zu zweifeln. Aber ein derartiger Praxisschock ist sehr weit verbreitet und in der entsprechenden Literatur in vielen Bereichen nicht unbekannt. Nichtsdestotrotz verlief das weitere Studium mit seinen vielen Freiheiten dann für mich erfolgreich.

Erst die Bologna-Reform hat das Hochschulstudium in allen Fächern mehr und mehr verschult und ihn seines offenen, eigenen Charakters nahezu völlig beraubt. Da im Bachelorzeitalter das Studium sich wohl immer mehr schulisch und prüfungsorientiert entwickelt, sehe ich schwarz für das früher übliche freie, selbstverantwortete Hochschulstudium.

2 Studium als Bildungsveranstaltung – auch jenseits des eigenen Studienfaches und der Berufsausbildung

In den späten Sechzigern des vergangenen Jahrhunderts war mein Studium, wohl als Folge der 68er-Bewegung, sehr freizügig und vor allem fast vollkommen repressionsfrei. So frei und selbstbestimmt wurde ein Studium zu späteren Zeiten, meines Wissens nach, niemals mehr! Leider – könnte man bedauernd sagen.

Zu diesem Schluss komme ich sowohl aus eigener Erfahrung als Hochschullehrer und wissenschaftlicher Mitarbeiter als auch aus Berichten über das Studium meiner beiden Söhne an mehreren Hochschulen in verschiedenen Teilen Deutschlands.

In einem halben Jahrhundert meiner Universitätstätigkeit als Student, Doktorand, wissenschaftlicher Mitarbeiter, Habilitand und als Professor an vier Hochschulen in unterschiedlichen Bundesländern und Regionen Deutschlands – in Göttingen, in Kiel, in Potsdam und in Freiburg – habe ich eine Vielzahl von mannigfaltigen Erfahrungen sammeln können. Auf diese Erfahrungen greife ich im Folgenden zurück.

Auch längere Gastaufenthalte im nahen und fernen Ausland verschafften mir später noch ganz besondere Einblicke in verschiedene Studienstrukturen.

Die traditionelle deutsche Universität hatte enorme Vorteile, die heute ein Bachelor-Studium in der Regel in keiner Weise mehr zu bieten vermag. Nach meiner Auffassung und Erfahrung veränderte sich durch die derzeitige Studienreform nunmehr vieles radikal, in der Regel leider oft zum Schlechteren hin. Aber es gibt selbstverständlich auch manche Ausnahmen!

Stets hatte ich eine Neigung zu interdisziplinären, über die reine Physik hinausreichenden Sachverhalten. So nutzte ich oft die Möglichkeit neben dem Studium, manche verschiedene Sportarten und Politik zu betreiben. Ich spielte im Verein um

Punkte im Handball, Badminton sowie Tennis. Entsprechende Freiräume hierfür konnte man sich während des Studiums seinerzeit immer schaffen.

Nach meinen politischen Anfängen im Studium war ich später im Kreistag als Vorsitzender des Umweltausschusses tätig und habe als einer der ersten in der BRD die damals noch völlig unbekannte Mülltrennung eingeführt. Das ist heute wohl eine Selbstverständlichkeit und wird eher belächelt!

Als Physiker und Landtagsabgeordneter in Schleswig-Holstein kämpfte ich vehement für den heute leider so aktuellen und letztlich bisher immer noch nicht endgültig vollzogenen Atomausstieg und für die Alternativenergien. Die erste deutsche Windanlage „Growian" bei Marne im Kaiser Wilhelmkoog war damals in den Achtzigern die größte der Welt und unsere Hoffnung. Was heute an Windrädern die Ränder der Autobahnen ziert, war früher vollkommen unvorstellbar.

Wir waren damals hinsichtlich der ökologischen Fragen innerhalb der „Helmut Schmidt SPD" völlig in der Minderheit. Die ökologische Tradition vom linken Jochen Steffen wurde lediglich vom Landesvorsitzenden Günther Jansen fortgeführt, mit dem ich mich zusammen am Bauzaun in Brokdorf bei eisigem Wind von Wasserwerfern bespritzen ließ. Zu meiner Zeit blieben wir als Schleswig-Holsteiner Genossen auf Bundesparteitagen die Außenseiter und erreichten maximal um die 20 Prozent der Delegiertenstimmen.

Nach seinem Tode in hohem Alter, für einen Kettenraucher ohnehin selten, wurde Helmut Schmidt dann, völlig zu Unrecht, wie ich meine, unter anderem von der Wochenzeitung „Die Zeit" glorifiziert. Haben sie denn den bundesweiten Kernkraftausbau, die Nachrüstung und den Nato-Doppelbeschluss völlig vergessen?

Sandra Maischberger und Giovanni di Lorenzo zählten ihn übertrieben zu den „großen Hanseaten" seiner Zeit mit einem Haus am Brahmsee. Ich habe andere Erfahrungen machen müssen! Auch Streitigkeiten mit Schmidt habe ich öffentlich im Nachrichtenmagazin „Der Spiegel" ausgetragen.

Eine Glorifizierung von Staatsmännern nach ihrem Tode scheint normal zu sein, denn aus Helmut Kohl haben selbst seine Gegner unkritisch einen großen Europäer unde den Kanzler der Einheit gemacht. Aber lassen wir die Toten ruhen!

Nach dem kleinen politischen Exkurs kehre ich nun zurück zum Physikstudium. Während meines Studiums waren mir die reinen physikalischen „Fachidioten“ im Sinne der DPG-Linie (Deutsche Physikalische Gesellschaft) bei Studierenden und Lehrenden stets vollkommen zuwider. Bildung in einem ganzheitlichen, umfassenden Sinne war hingegen mein Ziel, aber die meisten Physiker wünschten sich eher eine enge Orientierung an ihrem so geliebten Fach. Dabei wird die politische Dimension, die der Physik ebenfalls innewohnt, oft vergessen.

Ferner folgte ich bei der Vermittlung von Physik in Schule und Hochschule stets den Spuren von Goethe und Wagenschein, indem ich mich bemühte, ganzheitlich und an Phänomenen orientiert zu lehren. So stellte ich also immer bewusst und überzeugt einen Außenseiter in meinem Fach dar. Aber wer kennt heute noch den Hessen Martin Wagenschein, wer kennt noch das genetisch, sokratisch, exemplarische Lernen und Lehren?

Sind die Phänomene angesichts der Medienflut überhaupt noch zu retten? Und wer Goethe gar mit Physik in Verbindung bringt, begeht keineswegs ein Sakrileg an der Physik, sondern erfährt eine erkenntnis- und wissenschaftstheoretische Bereicherung ganz im Sinne des Berliner HU-Professors Olaf L. Müller.

Vor der Bachelor- und Masterreform gab mir die damalige Studienordnung die völlige Freiheit, meine Lehre entsprechend didaktisch zu gestalten, wie ich es selbst für richtig und sinnvoll hielt. Durch die neue rigide Studienordnung ist es nun leider vorbei mit dieser Freiheit!

Für meine Studierenden wünschte ich mir, wie ich die Freiheit zu haben und Gelegenheiten wahrnehmen zu können, in andere Fächer „hineinzuschauen“ wie etwa in die Slawistik,

Philosophie, Pädagogik, Psychologie, Soziologie und einiges mehr.

So lernte ich vollkommen unterschiedliche Lehr- und Lernkulturen kennen. Dies war seinerzeit, noch ohne ein Bachelor-Master-Korsett, ein bereits großer Gewinn für mich an wirklicher Bildung, aber weniger an rein abfragbarem Wissen.

Es war eine vollkommen andere Form von Hochschulbildung im eigentlichen Sinne, im Kontrast zur heutigen allseits verbreiteten Bachelor-Master-Hektik. Ich möchte diese Erfahrung für mein Leben niemals missen! Solche „Umwegserfahrungen" sind im Bachelorstudium nun offensichtlich, allein aus Zeitgründen, überhaupt nicht mehr möglich und gewünscht.

Trotzdem schaffte ich damals unterhalb der vorgegebenen BAföG-Regelstudienzeit nach nur neun Semestern mein Diplom im Fach Physik und konnte dabei völlig frei nach eigenem Interesse meine Studienschwerpunkte „Astronomie und Astrophysik" und „Angewandte Optik und Laseroptik" wählen. Es hätte auch völlig anderes ablaufen können.

So hätte ich seinerseits ohne Probleme in die Nuklearmedizin oder Biophysik abwandern können. Die Studienordnung ermöglichte einen solchen Wechsel und diese Freiheit der Wahloptionen, die ich außerordentlich genoss. Die angesprochene Freiheit soll im Weiteren über einen Rückblick auf mein Studium näher beschrieben werden.

Die Zeiten für alle Aktivitäten außerhalb des eigentlich empfohlenen Studienplans konnten frei gestaltet werden. Die Nebenfächer mit den entsprechenden Prüfern waren nur bedingt verpflichtend und konnten ebenfalls frei gewählt werden.

Zum Beispiel Astrophysik beim berühmten Sachbuchautor Rudolph Kippenhahn zu studieren war für mich ausgenommen spannend, originell und knüpfte an meine Interessen an Sternbeobachtungen in dunklen Nächten der Schülerzeit an.

Heute ist leider diese Art von Naturbezug in der Astrophysik nahezu vollkommen verloren gegangen. Das heißt, die Natur ist in der Forschung fast völlig verschwunden und findet meist nur noch am Computerbildschirm statt. Unter diesen

Voraussetzungen hätte ich mich heute wohl nicht mehr für die Astrophysik entschieden, denn die endlosen Flure mit Astrophysikern an Computerbildschirmen sind für mich wenig reizvoll. Aber das ist mittlerweile in nahezu allen unseren Wissenschaften der Fall.

Eine weitere bedeutende Persönlichkeit in meinem Studium war Max Kohler. Er galt ausnahmsweise als ein besonders kalkulierbarer theoretischer Physiker. Das konnte man von manchen unberechenbaren und aus meiner Sicht Exoten nicht unbedingt behaupten, die es auch gab. Diese Exoten waren für einige Studierende zwar ein Prüfungsrisiko, aber für andere eher nicht, ferner verkörperten sie auch originelle Persönlichkeiten.

Der Experimentalphysiker Arnold Flammersfeld, einst Doktorand bei Lise Meitner und später Rektor der Universität, zählte zu den Persönlichkeiten und ist übrigens am Ende aus Protest gegen die Demokratisierung der Universitäten generell und besonders wegen der 68er-Bewegung vorzeitig zurückgetreten.

Bei Flammersfeld gab es damals zur Prüfungsvorbereitung einen von Studierenden erstellten sehr umfangreichen Fragenkatalog mit dem überschaubaren Schwerpunkt Röntgenphysik in der sonst uferlosen Experimentalphysik. Wenn man das wusste, war die Prüfung eher leicht und fair, ansonsten allerdings vollkommen unkalkulierbar. Heutige objektive, valide Klausuren erscheinen zwar gerechter, aber haben andere Tücken als seinerzeit.

Der Fragenkatalog damals konnte mir zumindest eine Orientierung über Flammersfelds Schwerpunkte geben. Bei meinem ersten Vordiplomversuch wäre ich fast gescheitert. Daran sind die Zufälle von Prüfungsergebnissen zu erkennen, die heute mit Modulprüfungen seltener vorkommen.

Die Physikalische Chemie gestaltete sich für mich wie eine vereinfachte und anschauliche Art der Theoretischen Physik und sie war für meine eher pragmatische Herangehensweise durchaus sehr verständlich. Bezüge zu einem speziellen späteren Berufsfeld waren im Studium allerdings eher nicht vorhanden, da alle Anwendungsbezüge und konkreten Beispiele als universell erachtet wurden und keineswegs fehlen sollten.

Für die Vordiplom- und Diplomprüfungen traf man sich damals zur gemeinsamen Vorbereitung auf das Examen in kleinen Lerngruppen. Die beschriebenen Fragenkataloge wurden durchgearbeitet und Prüfungssituationen simuliert.

Nur in einem solch kontroversen Disput treten Lerneffekte wirklich ein. Stures Auswendiglernen ist wenig bildend. Hoffentlich gehen uns solche kollektiven Lernformen im Bachelor-Master-Desaster nicht verloren. Wir sollten aber die bewährten Werte der Vergangenheit und auch die Bildungsidee immer sorgfältig zu bewahren!

Jeder Studierende ist nach seinem Examen vollkommen unterschiedliche Berufs- und Lebenswege gegangen. Auf alle sollten wir universell vorbereit sein, um sich dann nicht zu früh zu spezialisieren. Für manch einen wie mich war diese Multiperspektivität und Orientierung an einer Bildungsidee sicher ein enormer Vorteil, für andere stellte es sich als ein praxisferner Nachteil heraus. Studierende sind, wie auch heute noch, sehr unterschiedlich veranlagt und motiviert. Dem sollte das Lehrangebot immer Rechnung tragen. Als Student war ich wohl eher praktisch orientiert.

Anzumerken sei hier ferner, dass ich mit meinem deutschen Diplom fast überall in der Welt die Promotion hätte schreiben können. Das Diplom wäre durchaus anerkannt worden, auch ohne eine Bologna-Regelung.

3 Wie es einmal war als Physikprofessor

Das traditionelle Diplom- und Lehramtsstudium, wie ich es viele Jahre als Student und Hochschullehrer erleben konnte, bot früher zahlreiche sowohl inhaltliche als auch methodische Gestaltungsspielräume aller Art.

Das Schlagwort der deutschen Universität von der „Freiheit von Forschung und Lehre" hatte seinerzeit noch eine gewisse Bedeutung, wenn auch durch den zunehmenden Einfluss der Drittmittel nur begrenzt. Das hatte insbesondere in den kostenintensiven Technologie- und Naturwissenschaftsstudiengängen wie etwa in der Physik einen enormen Einfluss auf die Forschung und Lehre. Aber es sicherte ebenfalls eine gewisse Praxisnähe im Studium.

Durch die Freiheit in der Lehre wurden den Studierenden vielfältige und interessante Perspektiven der Anwendung ermöglicht wie etwa zur Naturphilosophie oder der Wissenschaftsgeschichte bzw. zu allen denkbaren technischen oder praktischen Bezugsdisziplinen.

Natürlich waren die Grenzen der Freiheit für einen mittelmäßig begabten Studierenden auch spürbar. Das heißt, die genialen Kommilitonen konnten eher diese Freiheiten ausschöpfen. Aber zu jenen besonders Begabten zählte ich mich seinerzeit keinesfalls.

Auf den Erfahrungen meines Studium aufbauend, habe ich in den späteren eigenen Physiklehrveranstaltungen für Nebenfachstudierenden, etwa Biologen, Chemiker, Biochemiker und Ernährungswissenschaftler, stets interessengeleitete Bezüge und Einschübe sowie berufsbezogene Anwendungen aller Art vorgestellt und diskutiert, die für die Lernenden höchst motivierend waren, vielmehr als die reine, abstrakte Physik.

Bedenkt man, dass die meisten Physiklehrbücher für die Nebenfachstudierenden nicht auf deren Interessen zugeschnitten sind, gewinnen für eine qualitätsvolle Lehre die sinnstiftenden Anwendungen aus den jeweiligen spezifischen Fachbezügen der Studierenden an Bedeutung. Hinzu kommt, dass zahlreiche Studierende die Physik schon in der Schule als schwierig und unbeliebt abgelehnt hatten. Demzufolge war es sinnvoll und notwendig, zahlreiche Motivationsanreize aus den speziellen Berufsperspektiven, z. B. der Biologie, einzufügen und zu erklären, welchen Nutzen dabei die Wissenschaft Physik hat.

Vor der Umstellung auf Bachelor und Master bestanden kaum wesentliche Zwänge durch ständige Prüfungen oder gar Klausuren, um die Leistung im Studium zu messen. Das hatte zur Folge, dass wir uns, je nach Bedarf, Zeit lassen und auf die jeweiligen Probleme und Fragen der Studierenden eingehen konnten.

In diversen Prüfungsgesprächen im Zusammenhang mit dem Vordiplom in Physik und verschiedener naturwissenschaftlicher Fächer wie Chemie, Biologie, Biochemie oder Ernährungswissenschaften gewann ich einen individuellen Eindruck, ob ein „Bestehen" wirklich gerechtfertigt erschien. Selbstverständlich konnte man in den Prüfungen jeweils nur einen hypothetischen Eindruck über das Wissen der Studierenden erhalten.

Hierbei ist zu erwähnen, dass ein objektives Messen von Studienleistungen ohnehin immer fraglich ist, egal welche Studienstruktur umgesetzt wurde. Aus meiner Sicht waren die Prüfungen vor der Bachelor-Master-Reform meistens human und gerecht, mit der Möglichkeit der Wiederholung. Das waren damals individuelle, begründbare und einsehbare Entscheidungen und keine anonymen Klausuren! Denn Klausuren haben wir kaum schreiben lassen, weil sie uns wenig bildend erschienen.

Des Weiteren erschien uns ein statistisch fundiertes Messen der Studienleistungen nach wissenschaftlichen Methoden damals vollkommen überzogen, überflüssig und wurde den Interessen der beteiligten Personen in keiner Weise gerecht. Sicher waren auch manche Fehlurteile möglich!

Vorteilhaft war, dass uns Lehrenden auch durch die Studienordnung nicht vorgeschrieben war, in welcher Art und

Weise wir die Studienleistung erheben. Es waren vielfältige Freiräume in der Universitätslehre vorhanden.

Dann um die Jahrtausendwende kam die Umstellung auf die Bachelor- und Masterstudiengänge und damit die besagte hochschulpolitische Wende, die ich seitdem, aufgrund meiner Erfahrungen, stets kritisch begleite. Dies gilt vor allem für die Lehramtsstudiengänge im neuen System.

Denn die Studienmotivation sollte sich eigentlich immer aus der Sache selbst oder den Berufszielen der Studierenden entwickeln. Beispielsweise gilt es für die Lehramtsstudierenden, die Sache Physik selbst in die Hand zu nehmen und ständig zum Nutzen ihrer späteren Schülerinnen und Schüler Neues zu lernen.

Ist dies überhaupt möglich in einem mit Inhalten so voll gepackten Bachelor-Master-Studium? Auch fehlt in den meisten Veranstaltungen die Professionsorientierung für die Lehramtsstudierenden, da in der Regel die polyvalenten Bachelor-Studiengänge realisiert werden.

Vor der Umstellung auf Bachelor und Master konnte man das Zeitmanagement als Studentin oder Student weitgehend individuell gestalten. Jetzt strukturieren wir das Studium rigoros nach ETCS und diskutieren über den Workload der Studierenden.

Wollen die Studierenden im Zeitplan ihres Studiums bleiben, müssen sie die vorgeschriebenen Veranstaltungen in bis zu maximal 30 ETCS besuchen. Die Freizeitaktivitäten aller Art oder die Möglichkeiten des Gelderwerbs müssen sich dementsprechend an den jeweiligen Modulvorgaben und den entsprechenden Tabellen orientieren.

Eine interessante Nebenerscheinung der Umsetzung von Bachelor und Master ist die Diskussion um Anwesenheitspflicht und Zeitfenster der Veranstaltungen.

Sind Studienleistungen je nach Modul in einer bestimmten Größe von ETCS zu erbringen, bedeutet es für die Lehrenden eine Prüfung dieser und für die Studierenden die Möglichkeit, die Veranstaltungen ohne vielfältige Überschneidungen besuchen zu können. Damit ist auch die Diskussion um Zeitfenster von Veranstaltungen und um eine sehr verschulte Struktur auf dem Tisch.

Früher ermöglichte das Studium ein freies, selbstbestimmtes Leben, mit allen Gefahren des Scheiterns für manche Charaktere. Insofern war es äußert „bildend" und „persönlichkeitsgestaltend". Man lernte nicht auf Befehl zwangsgesteuert, sondern aus völlig eigenem Antrieb begründet zu handeln. Diese Einstellung war sehr hilfreich für die weitere Lebensgestaltung.

Solche freien Phasen machten eben gerade ein wissenschaftliches Studium aus, im Gegensatz zu einem in vorgegebenen Modulen strukturierten und auf den reinen Ausbildungsabschluss ausgerichteten Lebensabschnitt.

Das Spezifische eines Universitätsstudiums im Sinne einer humanen Bildung sollte auf jeden Fall erhalten bleiben. Leider droht es im Zuge von Studienreformen immer mehr stückweise verloren zu gehen und sich schulischem Lernen anzunähern.

Meiner Meinung nach ist nach der Schulzeit eine Umstellung auf eine Phase der Selbstständigkeit und Eigenverantwortung für das spätere Berufsleben von extrem hoher Bedeutung. Unsere am Kapitalismus ausgerichtete Denk- und Lebensweise scheint sich allerdings, im unabdingbaren Gegensatz dazu, immer mehr am abrechenbaren, zählbaren Erfolg zu orientieren.

Die neuen Bachelor-Master-Strukturen, die diesen Erfolg ermöglichen sollen, unterstützen die totale Verschulung im Universitätsstudium.

Das Studium an Fachhochschulen, insbesondere in den Bereichen der Naturwissenschaften und Technik, zeichnete sich eher durch einen vorgegebenen, abfragbaren Lernstoff aus und lässt sich gut in die Bachelor-Master-Strukturen einpassen. Hier sind kreative oder selbstgestaltete Phasen weniger gefragt. Eine solche Verschulung wird auch allseits heftig von allen Seiten kritisiert.

Gerade die Universitätsstudiengänge in den Naturwissenschaften und der Technik zeichnen sich durch vorstrukturierte und stark an den jeweiligen Fachdisziplinen orientierte

Abläufe aus. Dabei wird die Fachstruktur als Begründung herangezogen.

Da konnte ich in meinen Lehrveranstaltungen kaum noch reagieren, obwohl mein didaktischer Wille durchaus vorhanden war! Es fehlte stets die Zeit. Der Notendruck nahm überhand.

Der vorgegebene Stoff musste jetzt zwanghaft, zum vermeintlichen Nutzen der Lernenden für die Prüfung eingepaukt werden, ob die Studierenden es einsahen oder nicht. Reines Einpauken stand eben nun im Vordergrund. Aus Studierendensicht wird dann ein derart mechanisches Lernen selbstverständlich.

BAföG-Zwänge und vorgeschriebene Modulprüfungen, die oft für ein Weiterstudieren notwendig sind, spielen eine große Rolle im Handeln der Studierenden. Dementsprechend hat sich das Studium vollkommen verändert.

So verwundert auch nicht, dass alles zum reinen „Bulimie-Lernen“ zu werden scheint! Von wirklichem Verstehen und Behalten war überhaupt keine Rede. Das Bestehen von Klausuren stand absolut im ausschließlichen Vordergrund der Studierenden. Damit wurde meine Lehre zunehmend von sachfremden Gesichtspunkten determiniert, ob ich es wollte oder nicht.

Die Arbeit an Inhalten und den Sachproblemen sollte aber eher im Vordergrund stehen! Wen interessierte dann noch überhaupt ein Verstehen oder die Bildung? Die Frage von Studierenden zum Beispiel bereits in der ersten Vorlesung, ob die Inhalte in der Klausur drankommen, verdarb mir die Laune oft von Anfang an, wo es mir doch um Bildung ging! Es geht heutzutage eben vor allem um Punkte und das Absolvieren von Prüfungen. Das Ziel der Lehramtsstudierenden, einmal eine gute Lehrkraft zu werden, droht zunehmend in den Hintergrund zu geraten. Das finde ich sehr kontraproduktiv und gegen die Intentionen einer Universität gerichtet.

4 Akkreditierungsnonsens – gegen Wissenschaftsfreiheit und verfassungswidrig

Die Hochschulgesetze der einzelnen Bundesländer in Deutschland sehen mit der Einführung von Bachelor und Master die „Akkreditierung von Studiengängen" vor. Dies wird das Hochschulwesen vor großen Aufgaben stellen, denn bis heute ist gerade einmal die Hälfte der grundständigen Studiengänge tatsächlich akkreditiert. Dazu werden an späterer Stelle noch weitere Sachverhalte diskutiert.

Die Akkreditierung wird von in der Regel privatwirtschaftlichen Agenturen durchgeführt und man könnte auch beklagen, wir Hochschullehrer werden gegängelt. Hingegen machen die Firmen damit vor allem recht gute lukrative Geschäfte. Des Weiteren sprießen die mehr oder weniger privatwirtschaftlich organisierten Agenturen verstärkt aus dem Boden.

Aber wie werden sie kontrolliert? Jens Halfwassen beklagt dies in der „Frankfurter Allgemeinen Zeitung" vom 13. Juli 2017 als einen Rückzuges des Staates aus den Hochschulen, so dass den privaten Unternehmen ohne eine Kontrolle die Hochschullandschaft überlassen wird.

Einen solchen Einfluss von privaten Geschäftsinteressen auf unser öffentliches, demokratisch legitimiertes Bildungssystem wäre früher völlig undenkbar gewesen! Oder zumindest geschah es, falls überhaupt üblich, eher geheim, wenn überhaupt. Auf jeden Fall hat der Tatbestand der Akkreditierung aus meiner Sicht nichts mit Transparenz und Wissenschaftlichkeit zu tun!

Dementsprechend erfreulich ist vielleicht ein Urteil des Bundesverfassungsgerichts vom 18. März 2016 in Bezug auf Akkreditierungen. In der Zukunft sollten hier drastische Änderungen eintreten, da in der aktuellen Form das System offensichtlich total verfassungswidrig ist und eine Selbstentmachtung der Parlamente darstellt.

Der Gesetzgeber wird also bald aktiv werden müssen. Die Kultusminister ruderten schließlich schon zurück. Den Fachbereichen und Fakultäten soll nun die weitgehende Autonomie zur Gestaltung ihrer Studiengänge wieder zurückgegeben werden. Das bleibt im Moment allerdings noch abzuwarten. Wir werden den weiteren Verlauf interessiert beobachten.

Steht das Qualitätssiegel „Akkreditierung" wirklich vor dem Aus? Wir werden sehen, wie es hier weitergeht. Auch wird noch so manche bildungspolitische Überraschung in Europa sowie in Deutschland kommen. Die europäisch sich beeinflussenden Entwicklungen im Bildungssystem und die derzeit laufenden Austrittsverhandlungen Großbritanniens sind derzeit politisch, nach meiner Überzeugung, ebenfalls unklar. Zudem ist jetzt der Einfluss der USA, gerade angesichts politischer Umbrüche, völlig unberechenbar.

Langfristig – und das meint, dass es noch viele Jahre dauern wird – werden wohl so gut wie alle Studiengänge irgendwie akkreditiert werden müssen. Dabei sei anzumerken, dass die noch nicht akkreditierten Studiengänge keinesfalls schlechter sind. Sie wurden lediglich auf andere Weise genehmigt, im Dunkeln.

Ohne jeden Zweifel sollte die Akkreditierung in der vorhandenen Form eine Innovation für das Hochschulwesen darstellen. In ähnlicher Art und Weise argumentiert Theresa Bauer, baden-württembergische Wissenschaftsministerin, in der „Frankfurter Allgemeinen Zeitung" vom 13. Juli 2017, dass nämlich gerade die Bologna-Reform eine moderne Weiterentwicklung der Humboldtschen Idee, also ein großangelegtes Programm zur Entstaatlichung des Hochschulwesen sei.

Diese Innovation wurde allerdings wie ein mysteriöses Gottesurteil gleichsam aus dem Nirwana verkündet. Es gab zu keiner Zeit wirklich nachvollziehbare Kriterien für den gesamten Prozess. Auch kann bezweifelt werden, dass eine Qualitätssicherung im Hochschulwesen über wirtschaftlich orientierte Unternehmen sinnvoll ist.

Des Weiteren kann von einer demokratischen Partizipation oder gar einer Legitimation in der jetzigen verfahrenen Situation überhaupt nicht die Rede sein. Ich behaupte eher das Gegenteil liegt vor.

In fast allen Bundesländern gibt es, trotz aller Ankündigungen, für die staatlichen Hochschulen bisher keinen absoluten Zwang zur Akkreditierung und diverse Hochschulen versuchen, sich ohnehin die Kosten vollkommen zu sparen, teilweise auch, bis sie eine auf Dauer wahrscheinlich kostengünstigere Systemakkreditierung durchführen können. Das heißt, das wäre der völlige Verzicht, jeden Einzelfall speziell gesondert und kostenintensiv zu prüfen.

Private Hochschulen dagegen sind schon so gut wie überall gezwungen, ihre Studiengänge akkreditieren zu lassen. Dies ist als Qualitäts- und Vollständigkeitsprüfung für viele gesellschaftliche Bereiche grundsätzlich nicht abzulehnen.

Wie bereits angedeutet, sind inzwischen (Stand 2016) knapp über 50 Prozent der grundständigen Studiengänge in Deutschland bereits abschließend akkreditiert.

Es gibt Bundesländer, die ihre staatlichen Hochschulen stark zur Akkreditierung angehalten haben und derzeit bei über 70 Prozent akkreditierten Studiengängen liegen. Andere dagegen haben, im Zuge des verwirrenden Akkreditierungsprozesses, ein vollkommenes Durcheinander erzeugt.

In einem sehr aktuellen Brief des Vorsitzenden des Akkreditierungsrates aus Bonn vom Frühjahr 2017 wird der Qualifikationsrahmen für Deutsche Hochschulabschlüsse durch die Kultusministerkonferenz (KMK) festgelegt.

Dieser wurde im Zusammenwirken mit der Hochschulrektorenkonferenz (HRK) erarbeitet und in Abstimmung mit dem BMBF sowie unter Einbeziehung des Bologna-Prozesses verabschiedet. Immerhin sind staatliche Stellen formal beteiligt, welchen inhaltlichen Einfluss sie faktisch haben, scheint allerdings fraglich!

Der Vorsitzende bemerkt zur Sonderstellung akademischer Bildung wie folgt:

> „Um die Kompetenzbeschreibungen im Wissenschaftsbereich gegenüber dem Berufsbildungsbereich zu schärfen und die Eigenheiten akademischer Bildung sichtbarer zu machen, hat die KMK der Überarbeitung

des ‚Qualifikationsrahmens für deutsche Hochschulabschlüsse' (von 2005) zugestimmt.

Der deutsche Qualifikationsrahmen ist ein Transparenzinstrument und dient der besseren nationalen und internationalen Vergleichbarkeit der angebotenen Studien- und Ausbildungsgänge. Er beschreibt in allgemeiner Form, was Absolventinnen und Absolventen auf der Ebene des Bachelors, des Masters oder der Promotion wissen, verstehen und können sollten.

In der überarbeiteten Fassung werden die Lernergebnisse unter fünf Hauptkategorien aufgeführt. Die erste Spalte enthält Angaben zu ‚Wissen und Verstehen', unterteilt in Wissensverbreiterung, Wissensvertiefung und Wissensverständnis und beschreibt die erworbenen Kompetenzen mit Blick auf den fachspezifischen Wissenserwerb (Fachkompetenz).

Außerdem umfasst eine weitere Kategorie zur Anwendung und Erzeugung von Wissen einerseits die Fähigkeit zu reflexivem und innovativem Handeln (Wissenschaftliche Innovation) auf der Grundlage wissenschaftlicher Erkenntnisse, andererseits die Fähigkeit, wissenschaftliche Methoden anzuwenden und dadurch neues Wissen zu erzeugen (Nutzung und Transfer). Weiterhin beschreibt der HQR neben den wesentlichen formalen Aspekten die Kommunikations- und Kooperationskompetenzen sowie die Fähigkeiten zum wissenschaftlichen Selbstverständnis und zur Professionalität."[1]

Man sollte dieses verwirrende Verfahren möglichst bald demokratisch und transparent gestalten. Immerhin hatten wir in Deutschland und in Europa eine freiheitliche Tendenz. Diese sollten wir im Zuge der europäischen Vereinheitlichung keinesfalls opfern und aufgeben, sondern wir sollten anderen ein Vorbild sein.

1 http://www.akkreditierungsrat.de/fileadmin/Seiteninhalte/AR/Beschluesse/20170421_Agenturen_HS_Rundschreiben_HQR.pdf (Zugriff: 17.10.2017).

5 Mein seltsames Erlebnis als „Bolognese Professor“ im BA-MA-Taumel zwischen 2000 und 2010

Für mich als Professor für Physik an der Universität Potsdam begann das neue Jahrtausend seinerzeit nun mal wieder mit einer unerwarteten neuen Studienreform.

Die Wievielte es diesmal war, die mich im Verlaufe meiner Hochschullaufbahn erwischte, kann ich gar nicht mehr sagen. Waren die Studienreformen anfangs eher erwünscht, erkämpft und dienten einer vermeintlichen Verbesserung der Studiensituation, so wurden diese nunmehr zunehmend mehr bürokratisch.

Aber mit der Bachelor-Master-Reform war es wirklich ganz anders, als ich es bisher stets gewohnt war. Mit den früheren war sie überhaupt nicht irgendwie vergleichbar!

Diesmal war die Umstellung sowohl für uns Lehrende als auch für die Studierenden besonders radikal. Ebenfalls war die Reform für die meisten Beteiligten im meinem Institut für Physik und Astronomie zum Teil, wie wohl für alle anderen Fachbereiche der Universität, vollkommend verwirrend. So etwas Absonderliches hatte ich gewiss in meiner langen Hochschullaufbahn noch niemals erlebt.

Die wunderschöne Stadt in Norditalien kannten die meisten von uns bestenfalls als Stadt mit dem bekannten Fußballclub FC Bologna des ehemaligen deutschen Fußballnationalspielers und Vizeweltmeisters von Wembley, Helmut Haller aus Augsburg, in den sechziger Jahren.

Aber auch die Spaghetti Bolognese vom leckeren Italiener um die Ecke ist sehr beliebt als fremdländisches Essen auf unseren Tischen im Restaurant um die Ecke oder zu Hause.

Nach PISA mit seinem berühmten schiefen Turm und den Legenden um das Fallgesetz von Galileo Galilei ist Bologna schon die zweite norditalienische Stadt mit nun zweifelhafter Berühmtheit in unserem Bildungsbereich.

Aber zurück zur Reform, der „Bologna-Prozess" kam völlig überraschend über uns – wie eine Art Unwetter. Keiner hatte ihn vorher irgendwie diskutiert oder gar eingesehen, dass die Umstellung auf Bachelor-Master-Studiengänge überhaupt notwendig sei. Über alle Fächer hinweg wurde eine europäische Studienreform angeordnet, ohne auf die jeweilige Besonderheit der Fächer überhaupt einzugehen. Auch gab es keinerlei Vorbereitung durch Ankündigungen irgendwelcher Art, wie sonst in der Regel üblich.

Ein Blick auf die Akzeptanz des Physik-Bachelors in empirischen Untersuchungen aller Art zeigt, dass die Qualifikation „Physik-Bachelor" in einer Befragung der Deutschen Physikalischen Gesellschaft ebenfalls von den Studierenden als „unvollständige" Ausbildung angesehen wird.

Der Universitäts-Bachelor im Fach Physik als ein Abschluss der ersten Berufsausbildungsphase wird aus Sicht der Wirtschaft und der Industrie kritischer gesehen als der Fachhochschul-Bachelor mit einem viel stärkeren Praxisbezug.

Des Weiteren scheint es wenig Bedarf für einen Bachelor in Physik in der deutschen Industrie und Wirtschaft zu geben, da aufgrund eines ausgezeichneten Systems der beruflichen Ausbildung in Deutschland auch hervorragend ausgebildete Techniker und Laboranten in wachsender Zahl auf den Arbeitsmarkt drängen.

Der Bachelor als einziger berufsqualifizierender Abschluss wird im Allgemeinen überhaupt nicht als qualifizierter Studienabschluss empfohlen. Vielmehr wird der Physik-Bachelorabschluss an der Universität eher als Vorstufe für einen Masterabschluss eingeschätzt. Analoges gilt im Übrigen auch für das Lehramt, wo das erste Staatsexamen nun auf Masterabschlüsse umgestellt wird. Im Lehramt wurde die Vergabe des Staatsexamens in den einzelnen Bundesländern sehr unterschiedlich in die Praxis umgesetzt, Ähnliches konnte bei den Masterabschlüssen im Lehramt beobachtet werden.

Welche Vorteile bringt also die Umstellung auf Bachelor- und Master-Studiengänge in den Naturwissenschaften oder im Lehramt in Deutschland dann überhaupt mit sich, wenn die vorherigen Abschlüsse bereits seit vielen Jahren im Ausland anerkannt worden sind und es den neuen Abschlüssen an einer Vergleichbarkeit fehlt? So verwundert nicht, dass hinsichtlich der Studienzeiten und Berufsaussichten die Erfolge der Bachelor-Master-Studiengänge eher mäßig sind.

Der Fachhochschul-Bachelor des Studiengangs Physikalische Technik ist zum Beispiel keinesfalls als volles Physikexamen anerkannt oder irgendwie gleichwertig mit dem Diplom in Physik. Von den internationalen Irritationen ganz abgesehen, die damit einhergehen (siehe die Übersicht in Anhang 1). Die Liste ähnlicher Beispiele ist hier lang.

Zusammenfassend kann festgehalten werden, dass im ersten Jahrzehnt unseres Jahrtausends die komplette deutsche Hochschullandschaft von einer zerstörerischen Verwirrung für Lehrende und Lernende durch das verordnete „Bachelor-Master-Desaster“ der übergeordneten Gremien gekennzeichnet war.

Ob sich diese verwirrende Situation im Laufe der Zeit normalisieren wird, bleibt abzuwarten und bestenfalls zu hoffen. Aber noch zeigen sich keinerlei wirkliche Veränderungstendenzen in der Akzeptanz der neuen Abschlüsse, ganz besonders im naturwissenschaftlichen Universitätsbereich.

An dieser Stelle muss vor allem auch noch mal an das bereits immer vorhandene internationale Renommee des deutschen Diploms, gerade in den Naturwissenschaften, hingewiesen werden.

Universitäten sind derzeit der einzige Ort, wo man ein reines Physik-Studium absolvieren kann. Außerdem sind an Universitäten auch die Lehramtsstudiengänge möglich. Im Lehramtsstudium in der Physik muss man neben dem Fach meist noch ein weiteres Studienfach – traditionell und praktischerweise ist das oft die Mathematik – belegen sowie erziehungs- und bildungswissenschaftliche Veranstaltungen besuchen.

Aus meinen Erfahrungen mit vielen Studierenden verschiedenster Fächerkombinationen haben sich gerade jene als besonders erfolgreich und für den Lehrerberuf geeignet erwiesen, die als Zweites ein sprachliches, musisches oder künstlerisches Fach gewählt haben. Dies kann an den unterschiedlichen Fachperspektiven liegen, die den Studierenden geboten werden, wenn sie nicht nur reine Physik- und Mathematikveranstaltungen besuchen. So finde ich für den späteren Lehrerberuf andere Fächerkombinationen mit der Physik wesentlich sinnvoller und bildender.

Neben dem entstandenen Problem der Anerkennung der neuen Studiengänge werden bei der Umstellung des Diplomstudiums in die Bachelor-Master-Struktur die Vorbedingungen und Spezifika des Faches Physik viel zu wenig berücksichtigt. Vielmehr gilt das Diktat eines eher einheitlichen Bachelor-Master-Korsetts.

Ist Kunstgeschichte oder Naturphilosophie nicht auch völlig anders strukturiert als Physik? Das muss man wissenschafts- und erkenntnistheoretisch ohnehin zur Kenntnis nehmen!

Außerhalb der Universität ist das Studium der Physik oft nur als Teilbereich eines anderen Fachs möglich. So gehört Physik im Bachelorstudium der Elektrotechnik, des Maschinenbaus oder der Chemie häufig mit zum Lehrplan. Diese Studiengänge bieten vor allem Fachhochschulen und Fernhochschulen an.

Der Studienplan des Physikstudiums ist in der Regel sehr straff, sodass real meist kaum Zeit für ein Auslandssemester bleibt. Man könnte allerdings das Studium als Ganzes im Ausland absolvieren. Auch der Besuch fakultativer Lehrveranstaltungen, die einen Blick über den Tellerrand hinaus ermöglichen würden, wird von den Studierenden kaum noch angenommen.

Denn diese hier investierte Zeit wird vielmehr für die in den Modulen beschriebenen Studienleistungen benötigt. Damit gehen Flexibilität und vor allem bildende Lerngelegenheiten für die Studierenden verloren.

6 Von der Fiktion einer internationalen Vergleichbarkeit – Das inflationäre Bachelorstudienangebot

In den Strudel des Bachelorstudiums geriet ich mit dem hehren und durchaus attraktiven Ziel, eine nationale und internationale Vergleichbarkeit durch Absprache bei der Erstellung unserer neuen Studienordnungen zu erreichen.

Dass das eine vollkommene Fiktion darstellte, war am Beginn des Innovationsprozesses nicht für alle vollkommen absehbar und ist manchem Politiker von den Fachleuten auch heute noch immer nicht zu vermitteln.

In den Naturwissenschaften, insbesondere der Physik, scheint das offensichtlich und besonders eklatant. Hier sind eben die Fächer besonders systematisch und voraussetzungsgebunden organisiert. Viele Geistes- und Sozialwissenschaften sind jedoch völlig anders strukturiert und dort sind andere Fachkulturen vorhanden.

Diese angestrebte nationale wie auch internationale Anerkennung der Abschlüsse war jedoch keineswegs automatisch gegeben. In der Praxis war ein internationaler Wechsel bürokratisch formal in manchen Fächern leichter möglich als in anderen Fächern, aber innerhalb Deutschlands entstanden nach der Bachelor-Master-Reform nun mehr völlig unüberwindbare Grenzen.

Dieses Problem zeigt sich beispielsweise im Lehramtsstudium. Hier begannen mancherorts Studierende mit einem „polyvalenten" Fach-Bachelor oder an anderen Einrichtungen auch mit dem vollkommen konträr angelegten Einfach-Bachelor, ein im Grunde reines Fachstudium. Anderenorts gibt es vollkommen abweichende lehramtsbezogene Bachelorstudiengänge.

Vergleicht man die gewählten Bachelormodelle im Lehramt, dann unterscheiden sich diese in ihrer fachlichen, fachdidaktischen und bildungswissenschaftlichen Ausbildung. Die Umstellung auf Bachelor und Master unter Berücksichtigung von Qualitätskriterien für das Lehramtsstudium wurde seinerzeit weder systematisch diskutiert noch gar im wissenschaftlichen Sinne evaluiert.

Demzufolge wird ein Wechsel des Studienortes für Lehramtsstudierende oft völlig unmöglich, allein etwa von Potsdam nach Berlin und umgekehrt oder innerhalb eines Bundeslandes!

Auch ist im Zuge der Bologna-Reform die Anzahl der Bachelorstudiengänge gleichsam inflationär für jedes Spezialgebiet angestiegen, ganz im Gegensatz zu den verfügbaren Arbeitsplätzen für einige Fächer nach dem Examen.

Zum Beispiel gibt es für das integrative Studium der „Regionalwissenschaft" in Deutschland schon über 80 Studiengänge. Und es scheinen noch immer mehr zu werden. Die Orientierung der Studiengänge ist überall vollkommen anders und Regionalwissenschaft gibt es mittlerweile in vielen Ländern.

Von den abschreckenden Studienerfahrungen meines eigenen Sohnes in diesem Bereich in Potsdam könnte ich ausführlich berichten. Mit wahrer Bildung im klassischen Sinne hatte wohl „Bologna" da zu wenig zu tun.

Schon das Zustandekommen dieses Bachelorstudienganges war für mich abenteuerlich und undemokratisch: Von oben angeordnet, von Verwaltungen weitergegeben, ökonomischen Interessen folgend, wurden die Studierenden in der Regel vollkommen allein gelassen mit all ihren Problemen.

Alles wurde in einer „Studienordnung" zusammengetragen. Die Geographen formulierten Ansprüche, die Geologen die ihren und die Mathematiker taten auch so, als handele es sich nicht um Regionalwissenschaftler, sondern um ihre eigenen Fachstudierenden mit ihren speziellen Fachinteressen.

Der Bachelor in Regionalwissenschaft war wohl zu wenig auf das jeweilige Berufsziel der Lernenden abgestimmt und die beteiligten Dozierenden hatte nur ihr eigenes Fach im Auge, das für das Wichtigste gehalten wurde. Dementsprechend wurden additiv die einzelnen Lehrveranstaltungen aneinandergereiht.

Das Gesamtkonzept eines integrativen Studienfaches „Regionalwissenschaft" etwa interessierte die Fachkollegen meist nur wenig und es wurde dann auch nur selten diskutiert. Hinzukam, dass es überhaupt noch keine Berufserfahrungen gab. Ein solches additives Kreieren von Studiengängen geschah wohl leider in der vorgegebenen Hektik in vielen Fächern in gleicher Weise.

Nach einigen Jahren wurde nun der Studiengang Regionalwissenschaften übrigens in Potsdam, nach den vielen arbeitsintensiven Vorarbeiten und Erwartungen, wieder eingestellt.

Die Berufsaussichten für den Bachelor Regionalwissenschaften waren, entgegen aller Prognosen, ziemlich aussichtslos. Mein Sohn kam in der Logistikbranche unter. Das Bachelorstudium war wohl weitgehend vollkommen vergeblich?!

Ähnlich sah die Praxis der Erstellung der Bachelor- sowie der Master-Studienordnung wohl allerorts in den Naturwissenschaften aus. Laut der Wochenzeitung „Zeit" gibt es derzeit in Deutschland mehr als 300 physikorientierte, in der Regel sechssemestrige Bachelorstudiengänge. Das ist für Studienanfänger sicherlich vollkommen verwirrend und zudem unübersichtlich.

Über alle Fächer insgesamt entwickelt sich die Gesamtzahl der möglichen Bachelorabschlussoptionen auf derzeit schon fast an die 10.000. Das wäre dann für jeden Studierenden fast ein eigener Studiengang, wie absurd!

„Tourismus-, Sport- und Eventmanagement", „Luft- und Raumfahrttechnik", „Luft- und Raumfahrtsysteme" oder „Energie-, Gebäude- und Umwelttechnik" – vieles wurde erfunden. Aber eben auch für traditionelle Fächer wie Physik, Chemie oder Biologie. Aber manche traditionelle Fächer drohen durch diese extreme Differenzierung des Angebots auszusterben.

Für einige Studierende mag eine derartige Vielfalt für die Studienwahl gewiss auch verwirrend sein. Ich erinnere mich an zahlreiche kontroverse Debatten über das vielfältige Angebot von Studienfächern und entsprechende Berufsangebote.

Aber so manche Prognose erwies sich als Fiktion. Die Vielfalt der Angebote ist für die Studentinnen und Studenten nicht unbedingt immer ein Gewinn.

Ein besonderer Vorzug des Hochschulstudiums war stets der möglichst unreglementierte Austausch mit dem Ausland mit unterschiedlichen Interessenlagen. Das Erasmus-Programm ist auch weiterhin eine wichtige, insbesondere finanzielle Hilfe. Aber die bürokratischen Hemmnisse durch die rigide, verschulte Studienordnung machen einen Wechsel äußerst schwierig und ohne Zeitverlust völlig unmöglich. Dabei sollte doch gerade das Bachelorstudium den internationalen Austausch besonders fördern!

Mein Enkel beginnt gerade sein Bachelor-Studium der Volkswirtschaftslehre an der Berliner Humboldt-Universität. Mal sehen, was er davon berichtet.

7 Die Fächerspezifitäten in den Naturwissenschaften und der Technik – insbesondere der Physik

Die Literatur zu Lehr- und Lernerfahrungen in den Bachelor- und Masterstudiengängen seit 1999 wird von Philosophen wie Julian Nida-Rümelin, Sprachpädagogen wie Dieter Lenzen oder Ökonomen wie Birger Priddat, Erziehungswissenschaftlerinnen wie Andrea Liesner oder Sozialwissenschaftlern wie Wolf Wagner und vielen anderen Sprach- und Geisteswissenschaftlerinnen sowie -wissenschaftler vollkommen dominiert.

In unserem Verlag Frank & Timme hat sich bisher auch nur der Sprachwissenschaftler Horst Haider Munske zum Bachelor- und Masterstudium ausführlich geäußert. Und auch der Linguist und Kulturwissenschaftler Hartwig Kalverkämper findet in dem ersten Band dieser Reihe *ZeitZeugnis* (2016) kritisch-distanzierte Bewertungsweisen der neuen, übergestülpten Studienordnungen.

Dies ist verwunderlich, da gerade die Naturwissenschaftler in Deutschland von Anfang an, aus vielen Gründen heraus, ebenfalls fast alle zu den schärfsten Skeptikern und Kritikern der Bologna-Studienreform gehörten. Denn wir Naturwissenschaftler hatten vorher immer zahlreiche internationale Wissenschaftskontakte und Studierendenaustausche und scheuten Vergleiche und Kooperationen mit dem Ausland nie.

So habe ich zum Beispiel meine Forschungen im vorigen Jahrhundert mit Kontakten und Besuchen in die USA, Kanada, Australien, Israel, Türkei, Großbritannien, Frankreich, Griechenland, Schweden, Niederlande, Italien, Spanien, Ungarn, Schweiz und vielen anderen europäischen Staaten durchgeführt.

Ferner engagierte ich mich in den internationalen Organisationen wie der GIREP (International Research Group on Physics Teaching) oder der ESERA (European Science Education Research Association) und war vielfach aktiv.

Unsere Diplome waren in der Regel international sehr bekannt und vor allem sehr anerkannt. Es gab aus diesem Grund in Deutschland eigentlich keinerlei Bedarf für Bachelor- und Masterstudiengänge, insbesondere nicht in den Naturwissenschaften und ganz besonders nicht in der Physik.

Das geht so weit, dass auch heute dem Masterzeugnis vielerorts, wie etwa an der Universität Potsdam, das Additum „Diplom" als Qualitätsmerkmal noch hinzugefügt wird. Das soll bei der Stellensuche durchaus helfen.

Warum Ingenieure und Naturwissenschaftler nunmehr fast einstimmig gegen die Bologna-Bachelor-Master-Reform im Hochschulstudium argumentieren und zahlreiche entsprechende Beschlüsse fassen, soll im Nachfolgenden vor dem Hintergrund meiner eigenen Erfahrungen ausführlich begründet werden.

Ganz allgemein umfasste ein Diplom in Physik immer ein fünf- bis sechsjähriges Vollzeitstudium mit einer kompletten, allumfassenden Berufsausbildung.

Ein Bachelor in Physik verfügt nach einem erfolgreichen Abschluss schon rein auf der formalen Ebene nicht über alle Aspekte der umfangreichen Wissenschaft Physik in gleicher Weise. Demzufolge kann ein Bachelorstudierender aufgrund der Lernzeitreduktion nicht alle grundlegenden Teilgebiete der theoretischen und experimentellen Physik besuchen und damit gleichzeitig sowie angemessen beherrschen.

Und da die moderne physikalische Forschung sich in rasanter Entwicklung befindet und immer umfangreicher wird, ist es ausgesprochen schwierig, die Breite im Überblick zu behalten.

Selbst ich als Diplom-Physiker und Professor für Physikdidaktik hatte bei Besuchen im spektakulären CERN, der Genfer Großforschungseinrichtung in der Teilchenphysik, in einem modernen Atomkraftwerk oder bei Vorträgen über dunkle Materie schon manchmal ernsthafte Zweifel am Erfolg meines Studiums in den siebziger Jahren des vorigen Jahrhunderts.

Für die Disziplin Physik sind die schon erwähnten experimentellen und theoretischen Teilgebiete inklusive der Mathematik kennzeichnend und erlauben keine exemplarischen wählbaren Wissens- und Bildungsstücke, wie es in manchen Bildungs- oder Geisteswissenschaften, soweit mir bekannt, durchaus üblich ist.

Auch die Geographie mit ihrem naturwissenschaftlichen Bereich oder die Biologe gestalten sich hinsichtlich eines solch fachsystematischen Aufbaus vollkommen anders. Deshalb sind identische Vorgaben für alle Studienfächer meistens sehr problematisch oder gar vollkommen unmöglich.

Der Physikkanon ist einerseits systematisch aufeinander bezogen sowie miteinander vernetzt und andererseits im höchsten Maße abgeschlossen. Deshalb gilt die Physik bei vielen Lernenden und in der öffentlichen Wahrnehmung als schwierige und meist auch zudem unbeliebte Wissenschaft. Diese Phobie entsteht bereits im Kindes- und Jugendalter. Man kann offensichtlich als Lernender in der Physik niemals an irgendeiner Stelle einfach einsteigen.

Der negative Ruf der Physik geht oft damit einher, dass man in der Politik oder in den Medien mit seinem Unwissen in diesem Bereich publikumswirksam kokettieren kann, obwohl die Physik mit ihren Erkenntnissen und Anwendungen unser Leben prägt. Wenn man in der Politik, der Geschichte oder der Geographie so aufträte, lieferte man sich dem Gespött der Öffentlichkeit aus und gelte als insgesamt ungebildeter Mensch.

Selbst vom verstorbenen Bundeskanzler Helmut Kohl, einem Historiker, hörte man gar so oft ein Bekenntnis zum Unwissen in Physik. Aber er traute sich durchaus zu, ein Land zu regieren. Mit Entscheidungen über naturwissenschaftliche Fragestellungen, auch Physik – denken wir hier zum Beispiel an die Energiedebatte.

Wenn man heute in das mittlerweile so inflationär verbreitete Ratesendungsangebot im Fernsehen schaut, stellt man oft fest, dass die einfachsten naturwissenschaftlichen Fragen auf Grund- oder Mittelstufenniveau zur Physik für viele Menschen bereits ein völliges Rätsel darstellen.

Man kann immer wieder beobachten, wie wenig die Naturwissenschaften, insbesondere Physik, zum Bestandteil der Allgemeinbildung der meisten bei uns Menschen gehören.

Aber zurück zu den Bachelor- und Masterstudiengängen in Physik. Unbestritten wird erst der Master in Physik, wie das Diplomstudium, die Ausbildung weitgehend vervollkommnen. Leider ist eine Tendenz zu Spezialisierungen sowohl in den Bachelor- als auch in den Masterstudiengängen zunehmend zu beobachten.

Ob jedoch für derartige Spezialisierungen angemessene Berufschancen vorhanden sind, scheint ungewiss. Aus Studierendensicht könnte die frühe Spezialisierung im Physikbachelor problematisch sein, wenn dann nicht genügend Plätze in entsprechenden Masterstudiengängen vorhanden sind.

8 Die Debatte um die Arbeitsbelastung im Studium

Als Dekan einer sehr umfassenden, großen mathematisch-naturwissenschaftlichen Fakultät an der Universität Potsdam konnte ich über viele Jahre der Spezifitäten und Eigenarten der unterschiedlichen Fächer – von Physik zu Geographie oder von Biologie zu Mathematik oder gar Sportmedizin und viele mehr – kaum immer wirklich gerecht werden.

Mit der abrupten Umstellung auf Bachelor und Master hieß es, die wirklich sehr unterschiedlichen naturwissenschaftlichen Fächer durch ähnliche Lern- und Prüfungskulturen vollkommen zu vereinheitlichen. Dies stellte für uns schon eine schwierige Aufgabe mit vielen Diskussionen dar.

Des Weiteren hatten die Gesellschafts-, Sprach- und Geisteswissenschaften im Vergleich zu den Naturwissenschaften völlig konträre und sich zum Teil vollkommen widersprechende Lern- und Prüfungskulturen.

Wie solle es nun gelingen, diese doch so unterschiedlichen Perspektiven gemeinsam in das gleiche Bachelor-Master-Korsett zu pressen, und wozu ist denn überhaupt eine solche Gleichmacherei wichtig? Völlige Studiengerechtigkeit kann ohnehin nicht erreicht werden. Die Umstellung auf Bachelor und Master mit den dazugehörenden Rahmenbedingungen war also eine vollkommen bürokratische Anordnung, ohne die möglichen Folgen zu bedenken.

Die Probleme hierzu zeigt anschaulich die anspruchsvolle ECTS-Workload-Debatte. Bei der Studienplanung gibt es viele Spekulationen zur wahren Studienbelastung. In der Kommission wurde Folgendes deutlich: Das European Credit Transfer System (ECTS) klingt modern, ist jedoch in der praktischen Umsetzung für alle Fächer gleichermaßen in gerechter Weise sehr kompliziert.

Dieses neue System der Studienplanung nach Arbeitsbelastung der Studierenden warf bei der Planung große Konflikte etwa zwischen unseren „experimentellen Laborfächern" und den reinen „Lese- und Diskutierfächern" auf.

Das ist bei der Studienplanung keinesfalls zu ignorieren!- Bisher waren wir mit der Vorgabe von Semesterwochenstunden sehr vertraut, jedoch mit Workload überhaupt nicht. Aber was nutzt eine Debatte um Gerechtigkeit?

Es geht doch eigentlich um Menschenbildung! Das kann doch eine große Anstrengung sein, bis hin zur Qual. Aber vielleicht und hoffentlich für viele mit einer wundervollen Erlösung am Ende, wenn auch nicht für alle.

Aus der Perspektive der meisten Menschen gibt es verschiedenste schöne Studienfächer. Die Berufswahl ist für alle Studierenden frei. Man muss etwa Physik nicht mögen und studieren, aber man sollte auf jeden Fall, möglichst vorher und ganz von Anfang an, genau wissen, worauf man sich einlässt, schon bei der Kurswahl in der Schule!

„Quäl dich, du Sau!" war der Spruch vom Radrennfahrer Udo Bölts im Jahr 1997 während der Tour de France in den Bergen vor einem steilen Anstieg der „Hors Catégorie" an den späteren Sieger Jan Ullrich, dem „nachträglich" des Dopings Beschuldigten.

Übriges hat das Doping mit Ritalin für Zappelphilippe besorgter Eltern auch die Schule schon erreicht.

Mein Professorenkollege aus der gewiss nicht einfachen Theoretischen Physik gab das Zitat von Bölts an Ullrich seinen Studierenden als realistische Einschätzung mit auf den Weg des Lernens. Solche Phasen hatte jedermann in seinem Studium zu durchlaufen. Zumindest legen meine Erfahrungen in der Physik das sehr nahe.

Zurück zur Planung der neuen Studiengänge, hier hatten wir keinerlei Erfahrung mit ETCS und Workload und ich kann bis heute ihren Nutzen für Bildung und Gerechtigkeit nicht einsehen.

Aus meiner Erfahrung schaffen die Vorgaben von ETCS die Freiheit im Studium, wie ich sie seit Jahrzehnten kannte und in dem man sich auch mal quälen musste, wohl nun endgültig vollkommen ab.

Des Weiteren sind die ETCS und die damit verbundenen Arbeitsbelastungen für alle Studierenden auf der Welt gerecht für alle Fächer zu formulieren eine prinzipiell unmögliche Gleichmacherei und Fiktion! Und es erzeugt insbesondere eine immense Prüfungsflut. Wieder stellt sich die Frage, wozu dies überhaupt gut zu sein scheint.

Eine solche Generalisierung über alle Fächer und alle Staaten hinweg ist ein rein theoretisches und bürokratisches Hirngespinst. Es mag nur eine vermeintliche Vergleichbarkeit und Gerechtigkeit vorgaukeln, sagt aber über die wirkliche Bildung und Entwicklung der Persönlichkeit nichts aus.

Die Diskussionen in den Studiengangkommissionen und in den Universitätsgremien waren zudem von traditionellen Erfahrungen und Fachegoismen geprägt und kaum von empirischen Befunden wirklich unterlegt. Wo sollten sie auch herkommen? Denn es gibt bisher kaum empirische Befunde.

Wenn man zudem anstrebt, eine europäische oder gar weltweite Gleichheit und Gerechtigkeit herzustellen, erscheint dies vollkommen unerreichbar und vielleicht auch total sinnlos zu sein.

Insofern sind manche der zentralen Beschlüsse auf OECD- oder EU-Ebene in vollkommener Unkenntnis der spezifischen Lage vor Ort gefasst worden. Im Übrigen ist die OECD als „Organisation for Economic Cooperation and Development", wie der Name schon sagt, eher wirtschaftsorientiert und weniger bildungsbetont.

Ohne sich mit den fachspezifischen Problemen in aller Konsequenz auseinandersetzen zu können, kamen wir also zu fragwürdigen Beschlüssen, die internationale Vergleichbarkeit und Gerechtigkeit bloß nur vortäuschen, obwohl etwa zwischen Berlin und Brandenburg alles widersprüchlich läuft.

Das trägt natürlich nicht zur Akzeptanz solcher Maßnahmen bei. Mitbestimmung und demokratische Teilhabe der Betroffen sind etwas vollkommen anderes. Was das für die Motivation und das Engagement der Studierenden bedeutet, ist offensichtlich.

Diese arbeiten die in den Modulen vorgegeben ETCS ab, ohne nach links oder rechts zu schauen. Zusatzangebote werden von den Studierenden nicht mehr wahrgenommen.

Traurig ist, dass sich die oberflächliche und formale Arbeit, wie man sie aus internationalen Gremien kennt und die ohne jegliche Kenntnis der wirklichen Probleme vor Ort stattfindet, jetzt in unserem Hochschulwesen etabliert hat.

Diese ungewollte Reform war von oben angeordnet und überhaupt nicht demokratisch legimitiert. Und sie war vor allem viel zu wenig durchdacht oder gar erprobt.

9 Übergang zum Masterstudium – nur für eine Minderheit

Bei früheren Diplom- oder Magisterstudiengängen waren von vornherein etwa fünf bis sechs Jahre bis zum Examen bei den Studierenden und Lehrenden im Blick. Beim meist nur dreijährigen Bachelor konnte man die ursprünglichen vollen Studiengänge auf Fachhochschulniveau reduzieren.

Das erfolgte zum Beispiel in Biologie, Mathematik oder Physik, hier insbesondere in Theoretischer Physik, wobei die vorgenommenen Verkürzungen aufgrund des Zeitmangels durchaus nicht sachgerecht waren.

In drei Jahren ist das recht anspruchsvolle Fach Physik in der Regel überhaupt nicht studierbar, es sei denn, man ist ein ganz besonders außergewöhnliches Genie oder verzichtet auf eigentlich essenzielle, unverzichtbare Bestandteile des Faches. Oder man hat gar unrealistischer Weise einen Nobelpreis im Visier.

Rein formal könnte man im Sinne des aus meiner Sicht absurden Buches über „Turbo-Studenten" das Studium kürzen. Aber meine langjährigen Lern- und Lehrerfahrungen in Physik sprechen vollkommen dagegen.

Einen wirklichen Hochschulabschluss im klassischen Sinne hatte man dann aber mit dem Bachelor wohl eher nicht. Und die Berufsaussichten für die meisten Studierenden scheinen auch nur gering zu sein, wie es bereits in einem früheren Kapitel beschrieben wurde.

Hinzu kommt, dass die Hochschulen für den Übergang vom Bachelor zum Masterstudiengang, einem wirklich vollkommenen Physikstudium, einen hohen internen Numerus clausus ansetzen. Es wird beabsichtigt, nur die Besten in den Master zu lassen und damit verbunden den naturwissenschaftlichen Nachwuchs zu rekrutieren, aber auch Ressourcen zu schonen. Das ist übrigens in den meisten Naturwissenschaften der Fall.

Hingegen bedeutet es für die Studierenden, dass viele von ihnen dann ohne jeglichen Abschluss vor dem totalen Nichts stehen. Eine vollkommen verschenkte und nutzlose Lebenszeit übrigens. Und es bedeutet zudem einen enorm hohen Leistungsdruck.

Ferner ist die Einstellungspraxis der Industrie, die zunächst groß für den Bachelorabschluss geworben hatte und das bis heute noch immer tut, hingegen doch mager!

Denn der Bachelor im Fach Physik wird in Deutschland von vielen als vollkommen unvollständige Berufsausbildung oder nur als besseres Laborantenexamen betrachtet. Im Ausland gibt es hingegen Fälle, wo der Bachelor als Voraussetzung ausreicht, um direkt danach promovieren zu können. Für Deutschland wäre dies meiner Meinung nach eine Katastrophe.

Jedes Fach innerhalb der Naturwissenschaften hatte schon immer seine eigene spezifische Tradition. Während ein Diplom in Physik in Deutschland immer einem hochwertigen Studienabschluss entsprach, bedeutete etwa das Diplom in Chemie nur viel weniger. Alle Absolventen, die einen echten Berufsabschluss anstrebten, gingen in der Regel über eine Promotion.

Auch die Chemieindustrie hatte sich darauf meist eingestellt. Das Chemiestudium hatte den Ruf, dass es zu hohen Anteilen darauf beruht, Analysen zu kochen. Damit wurde es von den Physikstudierenden oft abschätzig als Kochkurs bezeichnet.

Wie sich dies bei den Bachelor- und Master-Examen in Zukunft einspielen wird, wird man in Deutschland in der Zukunft noch sehen. Und wie sich dies gar international gestaltet, vermag niemand derzeit ernsthaft vorherzusagen. Ich vermute allerdings mit großer Überzeugung, es wird ein vollkommener Wirrwarr entstehen, zumal die internationalen Traditionen und die jeweiligen Fächerkulturen sehr stark voneinander abweichen.

Die nationale und internationale Bürokratie wird nach den vorliegenden Erfahrungen der Situation nicht gerecht werden können. Die Studierenden aber werden, wie meistens bei solchen von oben verordneten Reformen, völlig zu kurz kommen.

Die bisherige Berufserfahrung mit einem Bachelorexamen in Naturwissenschaften, speziell der Physik in Deutschland, empfinde ich als weitgehend negativ. Das ist wohl eine Folge des rein bürokratischen Denkens und Handelns.

Ganz besonders absurd, unsinnig und sachwidrig ist die Diskussion der Frage, den Bachelor etwa als Vorexamen für das Lehramt anzuerkennen.

Wer das Studienziel anstrebt, eigentlich vor allem eine gute Lehrkraft zu werden, und nicht nur auf die blinde Jagd nach Creditpoints gehen will, ist durch Bologna wohl eher benachteiligt.

Wer bereits durch das Studium einer problematischen Lernkultur ausgesetzt wird, hat schlechte Voraussetzungen, ein wirklich guter Lehrer zu werden.

Interessant ist ferner, dass eine Online-Akademie aus Köln die Zulassungsvoraussetzungen für ein Masterstudium zusammengefasst hat:

> „Durch den Bachelor Abschluss hast Du nicht automatisch einen Anspruch auf einen Master Studienplatz. Je nach Hochschule unterscheiden sich die Aufnahmebedingungen für die Zulassuung. Sie können von einer bestimmten Abschlussnote Deines Bachelor Studiums über Empfehlungsschreiben bis hin zu einem Auswahltest reichen. […]
>
> In Deutschland beschränken derzeit viele Universitäten und Fachhochschulen die Zahl ihrer Masterstudienplätze, indem sie von Bewerbern bestimmte Voraussetzungen für ein Masterstudium fordern. Neben einem Numerus clausus (NC) kann es sich dabei um Motivationsschreiben oder Auswahlgespräche handeln. Jede Hochschule macht individuelle Vorgaben, welche Voraussetzungen für eine Zulassung zum Masterstudium erfüllt sein müssen. […]

Bei zulassungsbeschränkten Fächern steht nur eine begrenzte Anzahl an Studienplätzen für die Bewerber zur Verfügung. Die Beschränkung der Zulassung zum Masterstudium ist meist über die Note des grundständigen Studienabschlusses geregelt. Das bedeutet, um zum Master Studium zugelassen zu werden, musst du dein Bachelor Studium mit einer bestimmten Note abgeschlossen haben. Im Durchschnitt lag der Numerus clausus für die Zulassung zum Masterstudium in den letzten Jahren bei 2,5. Für viele beliebte Studiengänge wie Biologie benötigst Du allerdings mindestens eine Durchschnittsnote von 2,0. [...]

Immer häufiger müssen Bewerber für die Zulassung zum Master Studium einen Auswahltest durchlaufen. Dieser Eignungsfeststellungstest soll prüfen, ob Du ausreichend Grundlagenkenntnisse und Fachwissen für das Master Studium besitzt. Darüber hinaus ermitteln die Hochschulen mithilfe des Tests, ob Du für ein Master Studium geeignet bist, also wie schnell Du Dir zum Beispiel neues Wissen aneignen und dieses umsetzen kannst. [...]

Manchmal laden die Hochschulen auch potenzielle Masterstudenten zu einem persönlichen Bewerbungsgespräch ein. [...] Dabei geht es insbesondere um Dein Fachwissen, die persönliche Motivation und die Frage nach Deiner beruflichen Zukunft."[2]

---

2 http://www.bachelor-studium.net/zulassungsvoraussetzungen-master (Zugriff: 17.10.2017).

10 Lehrerbildung – total verschult!

Auch die Lehrerbildung geriet unter das Diktat von Bologna, obwohl das ursprünglich gar nicht Absicht der Autoren war. Angesichts der unversöhnlichen Widersprüche in der Tradition des Bildungswesens unterschiedlicher Staaten ist ein einheitliches Prüfungswesen ohnehin eher unrealistisch.

So scheiterte aus meiner Sicht der Versuch, die Lehrerbildung zu vereinheitlichen. Zum Beispiel entstanden bei der Einführung des Bachelor-Master-Studienganges im Lehramt Physik zwei unversöhnliche Lager. Die einen wollten eine eher fachbezogene Ausbildung, die andere eine eher am Lehrerbild berufsorientierte Ausbildung.

Hier tauchte bereits zwischen den ganz nahe gelegenen Universitäten – der Universität Potsdam und der Freien Universität Berlin - mit ihren völlig unterschiedlichen Konzepten das Problem auf, den Studienplatz ohne große Behinderung zu wechseln. Was soll diese internationale Abstimmung dann überhaupt noch?

Wir sind in Potsdam, in Absprache mit dem zuständigen Ministerium, den Weg gegangen, dass alle Studierenden zum Master geführt werden sollten wie bisher zum ersten Staatsexamen. Den Bachelor betrachteten wir nicht als einen möglichen Berufsabschluss im Lehramt, sondern lediglich als eine Art Zwischenprüfung ohne wirklich eigenständige Berufsperspektive.

Auch die sinnlose Diskussion, der Bachelor für ein Lehramt qualifiziere für eine Tätigkeit als Erzieherin oder als Erzieher, halte ich für vollkommen sachfremd.

In der Praxis ergab sich durch die neue Bachelor-Ordnung nunmehr ein vollkommen verschultes und von ständigen Prüfungen und Noten durchzogenes Universitätsstudium ohne jegliche Momente der bildenden oder nachdenklichen Muße.

Die Motivation für ein Studium sollte darin bestehen, Lehrerin oder Lehrer zu werden und aus dem primär pädagogischen Antrieb heraus dieses Studium zu gestalten. Eine erfolgreiche Entwicklung zu einer kompetenten Lehrkraft scheint in der Alltagspraxis durch den Notendruck und die allgegenwärtigen Prüfungszwänge bei vielen Studierenden völlig verloren gegangen zu sein. Notendruck und Prüfungszwänge prägen den Studierendenalltag vollkommen.

Bei allen Studienordnungen für die Lehrämter, mit zunächst einem reinen Fachbachelor vorweg, besteht immer die Gefahr des falschen Selbstverständnisses, eines Selbstverständnisses im Sinne eines Fachwissenschaftlers. Den Effekt kannten wir früher auch von dem Wechsel vom Diplom- zum Lehramtsstudium.

Deshalb haben wir in Potsdam vom ersten Tag des Lehramtsstudiums an das Berufsziel des Lehrers und der Lehrerin in den Vordergrund gestellt und viel weniger die Fachausbildung. ***Denn*** das ***Unterrichten*** ist der angestrebte Beruf.

Selbstverständlich kann sich eine solche Lebensperspektive individuell stets wandeln, Umstiege sollten immer möglich sein. Das Staatsexamen erleichterte seinerzeit solch individuelle Wechsel durchaus. Die bürokratische Bachelorstudienordnung mit den Studien- und Prüfungsleistungen erschwert die Umstiege allerdings außerordentlich.

Falls ein Studium auch einen Beitrag zur Erkenntnis eigener Fähigkeiten und Interessen leisten soll, gehören immer Möglichkeiten eines Wechsels dazu. Starre und völlig zerprüfte Studienordnungen verhindern die gewünschte Flexibilität.

Insbesondere prägen sie junge Menschen schon beim Studium negativ für ihren zukünftigen Lehrerberuf, wo sie problemorientiert und nicht mechanisch lehren sollten.

Das Studium, insbesondere an einer Universität, sollte in jeder Weise stets für eine Kultur des Lernens und für die Auseinandersetzung mit dem zu lernenden Stoff vorbildhaft für das spätere schulische Lernen der jungen Menschen sein. Die reine Fachsystematik und das Hetzen durch den Stoff sind dabei keineswegs erwünscht, und schon gar nicht sind sie vorbildlich.

Für mich waren meine Lehrer immer positive, aber auch negative Vorbilder, wie man lernt, und wie man sich mit dem Stoff kritisch auseinandersetzt.

Wenn Lehrerbildung in engen, vorgegebenen Bahnen abläuft, kann man nicht erwarten, dass später in der Praxis ein erwünschter, offener und die Schüler aktivierender Unterricht entsteht.

Generell kann ein offener Unterricht mit verschiedenen methodischen Handlungsszenarien realisiert werden, zum Beispiel durch entdeckendes, problemlösendes oder handlungsorientiertes Lernen. Die Selbstverantwortung der Lernenden spielt in allen Ansätzen eine bedeutende Rolle. Neben den aufgeführten Handlungsszenarien können bei einem offenen Unterricht freies Arbeiten, eine Wochenplanarbeit, eine Stationsarbeit oder die Umsetzung eines Projekts zum Einsatz kommen.

Jedoch ist der Begriff des offenen Unterrichts in doppelter Weise missverständlich. Oft wird offener Unterricht mit einer Öffnung für alles verbunden. Dies ist hier nicht gemeint, sondern die methodische Orientierung auf bestimmte öffnende Methoden gegenüber dem Frontalunterricht steht im Vordergrund.[3] Geht man davon aus, dass durch einen offenen Unterricht die Lernenden kognitiv aktiviert und selbstverantwortlich einbezogen werden sollen, dann ist es schwierig zu begründen, welche Methoden genau zu diesem Konzept gehören sollen. Heute geht man vielmehr davon aus, dass eine Fixierung auf bestimmte Methoden überholt erscheint. Es sind Kriterien der Qualität, die das offene Unterrichten erfolgreich machen.

Offener Unterricht mit seiner starken Schülerorientierung kann als Gegenpol zum Frontalunterricht mit einer hohen Lehrerzentrierung verstanden werden. Zeitweise gab es Tendenzen, dass der offene, schülerorientierte Unterricht den Frontalunterricht im Schulalltag ablösen sollte.[4]

---

3 Vgl. http://methodenpool.uni-koeln.de/unterricht/kurzbeschreibung.html (Zugriff: 19.11.2017).

4 Vgl. https://learningaspractice.wordpress.com/tag/entdeckend/ (Zugriff: 19.11.2017)

Zum Glück ist solch ein Ersetzen des Frontalunterrichts nirgendwo tatsächlich umgesetzt worden. Neuere Studien haben aufgezeigt, dass auch qualitätsvolle, frontale Unterrichtsphasen zu einer erfolgreichen Lernentwicklung beitragen kann. Aus heutiger Sicht sind methodische Mischformen mit guten Instruktionen und selbstverantwortlichen Handlungsphasen für die Lernenden sinnvoll, wobei die Entscheidungen über Methoden immer in Abstimmung mit den Unterrichtszielen und den Perspektiven der Schüler zu treffen sind.

Versucht man das Konzept eines offenen, schülerorientierten Unterrichts zu beschreiben, dann lassen sich verschiedene Merkmale identifizieren, wie zum Beispiel: 1) die Eigenständigkeit der Schülerinnen und Schüler hinsichtlich der Handlungsentscheidungen, der Arbeitsformen, den sozialen Beziehungen und Kooperationsformen; 2) die inhaltliche Mitgestaltung des Unterrichts durch die Lernenden; oder 3) die selbständige Planung und Durchführung von Untersuchungen.

Aus Sicht der Lehrkräfte heißt es, den Lernenden derartige Handlungsspielräume zu ermöglichen. Hierbei ist die kognitive Beteiligung der Schülerinnen und Schüler von Bedeutung, in dem ihnen beispielweise die Planung und Durchführung von Untersuchungen oder Projekten überlassen werden. Diese Untersuchungen und Projekte sollten sich an Schülerinteressen, -ansprüchen, -wünschen und -fähigkeiten orientieren.

Damit wird eine veränderte Beziehungsstruktur zwischen der Lehrkraft und ihren Schülerinnen und Schülern, eine veränderte Lern- und Lehrkultur sowie eine veränderte Unterrichtsorganisation impliziert.

Diese Ansprüche an einen zeitgemäßen Unterricht kann man nicht nur mit einer veränderten Lernkultur, sondern auch mit einer veränderten Prüfungskultur gerecht werden. Wo lernen die Lehramtsstudierenden sonst verschiedene Prüfungskulturen kennen – in ihrem Studium. Leider muss festgehalten werden, dass bei der Umsetzung von Bachelor und Master nicht auf das vielfältige Angebot an Prüfungsformaten zurückgegriffen wurde.

Vielmehr dienen traditionelle Prüfungsformate wie Klausuren, mündliche Prüfungen oder Portfolios als Modulabschlüsse. Ferner werden über die Modulabschlussprüfungen die verschiedenen Wissensbereiche aus dem Lehramtsstudium zerstückelt geprüft mit der Gefahr, dass der Gesamtzusammenhang sowie die Professionsorientierung verloren gehen können. Die Lehramtsstudierenden erleben nach ihrer Schulzeit nun auch noch ein verschultes Studium. Wann gibt es Lerngelegenheiten, in denen sie ihre Persönlichkeit als zukünftige Lehrkräfte unter der Berücksichtigung verschiedenster Perspektiven entfalten können?

11 Totales Diktat der Drittmittel

Die Universitäten und Hochschulen in Deutschland finanzieren sich angesichts der weniger werdenden öffentlichen Mittel und der immer mehr zunehmenden Unterausstattung und Finanznot vor allem und mit stark wachsender Tendenz aus Drittmitteln aller Art.
Aber die diversen Drittmittelgeber, insbesondere jene aus der Industrie und Wirtschaft, führen zu wachsenden, wie ich finde, ungesunden Abhängigkeiten der an sich völlig freien Forschung.

Geforscht wird wohl bald nur noch dort, wo es Geld gibt, um es banal auszudrücken. Man könnte sagen: Nicht die demokratisch legitimierten Kräfte bestimmen Inhalt und Schwerpunkte von Forschung und Lehre, sondern oft Wirtschaftsinteressen der in der Regel anonymen Geldgeber aller Art.

Die zentrale Tätigkeit der Forscherinnen und Forscher besteht deshalb zunehmend mehr in der Erschließung von externen Geldquellen. Das hat auch zur Folge, dass selbst bei der Bewertung von Kandidaten anlässlich von Berufungsverfahren ihr Drittmittelaufkommen bereits als sehr wichtiges Auswahlkriterium herangezogen wird.

In den Naturwissenschaften und ebenso in der Technik hat dies mittlerweile besonders dramatische Züge angenommen, weil enorme Geschäftsinteressen der Wirtschaft und der Industrie vieles vollkommen determinieren und diese in der Forschung ihre zukünftigen Profitchancen sehen.

Leider ist zunehmend zu beobachten, dass was und wie studiert wird weder die Studierenden nach eigenen Wünschen noch die Lehrenden nach ihren Forschungsschwerpunkten bestimmen, sondern die Interessen der profitorientierten Geldgeber.

Aber ohne Stipendien, BAföG oder andere finanzielle Unterstützungen kann man in der heutigen Zeit der profitorientierten Konkurrenzgesellschaft kaum noch in der Forschung überleben. Der Hang zur Anpassung wird dadurch sehr gefördert.

Auch wurde der ständige Zwang zum Geldverdienen in einem zeitaufwendigen Gelderwerbsjob in den letzten Jahren immer größer. Jedoch das Geldverdienen lenkt sehr vom eigentlichen Studium ab und verlängert jenes um oft unerträgliche Weise.

Die individuelle Entscheidung, ein Forschungsthema zu bearbeiten, was früher sehr oft den freien Forscherdrang ausmachte, ist mittlerweile pragmatischen Erwägungen fast vollkommen gewichen. Es sei denn, man hat potente private Sponsoren, reiche Eltern oder unendlichen Idealismus.

Dementsprechend entstehen sehr häufig sogenannte Modegebiete und Trends. Für unkonventionelle Außenseiter gegen den Mainstream wird der Raum dadurch immer schmaler. Diese Entwicklung ist zu bedauern!

So haben sich die Zeiten gewandelt! Ich konnte als Diplom-Physiker 1970 allein in Göttingen aus mehreren Promotionsangeboten auswählen: Angewandte Optik und Astronomie in meinem Diplom-Institut in der Sternwarte, aber auch im Max-Planck-Institut für biophysikalische Chemie bei einem Nobelpreisträger oder am MPI in der medizinischen Forschung.

Ich wechselte dann aus vollkommen eigenen Antrieb ins Institut für Pädagogik der Naturwissenschaften und wandte mich schließlich der Disziplin Physikdidaktik und der empirischen Lernforschung zu, um als Fachwissenschaftler mit Psychologen wissenschaftlich zu kooperieren. Fachliche Kompetenzen auf beiden Seiten sollten sich fruchtbar ergänzen. Wenn die Arroganz einer Seite den Gesamtkomplex fachdidaktischer Forschung beherrscht, ist sie ausgesprochen fragwürdig.

Mich leitete vor allem das Motiv, die Lehrerinnen und Lehrer bei der Umsetzung guten Schulunterrichts zu unterstützen. Ich wollte weniger elaborierten Forschungsfragen nachgehen und mich selbst in der Forschungsszene profilieren, als vielmehr den Schulunterricht verbessern.

Im Rückblick waren diese Zeiten für mich mit vielen Freiheiten und großer Offenheit verbunden, keinesfalls habe ich die heutzutage üblichen Vermarktungszwänge wahrgenommen.

Drittmittel waren seinerzeit überhaupt noch kein Kriterium für Entscheidungen der Studierenden bezüglich ihres Studienverlaufs. Heutzutage steht schon die Studienwahl viel mehr unter ökonomischen Sachzwängen. International hat Bologna, trotz gegenteiligem Anspruch, die Lage nicht wirklich verbessert. Mir liegen allerdings keine empirischen Daten über den Einfluss von Drittmitteln vor.

Die Hochschullehrer und Betreuer machten lediglich beratende Vorschläge, überließen es jedoch den Studierenden, ihren eigenen Weg zu suchen. Niemand unterbreitete Vorschläge aus den reinen Profitinteressen oder wegen eigener Forschungsprojekte und versuchte eine Einflussnahme.

Es herrschte damals im wahrsten Sinne noch echte Freiheit der Forschung. Die Lehre war zwar von den Forschungsthemen des Hochschullehrers beeinflusst, aber davon nicht total abhängig. Es waren nur Angebote.

Dass es damals jedoch nicht immer so vollkommen frei in der Forschung zuging, zeigt das Beispiel meiner eigenen Promotion. Angesichts der öffentlichen Atomenergielobby, der Industrie und der CDU-geführten Landesregierung in Schleswig-Holstein hatte ich es seinerzeit schwer, mein kritisches Thema in der Fakultät in Kiel überhaupt zu platzieren.

Immerhin war das Atom-U-Boot „Otto-Hahn" unter Beteiligung des Kieler Physikprofessors Erich Bagge, noch beteiligt an der Naziatomforschung im Dritten Reich, gebaut worden. Diese Forschung in der Atomphysik sowie Bagge waren in unserer Fakultät absolut unumstritten.

Während des Zweiten Weltkriegs arbeitete er schon am Kaiser-Wilhelm-Institut für Physik am deutschen Uranprojekt, das durch das Heereswaffenamt geleitet wurde, mit. Zwischen 1941 und 1943 entwickelte er die Isotopenschleuse, ein weltweit einzigartiges Gerät zur Anreicherung von spaltbarem Uran. Nur so konnte man das spaltbare Uranisotop-235 herstellen.

Unmittelbar nach dem Zweiten Weltkrieg war Erich Bagge von den Alliierten zusammen mit neun weiteren, jetzt zum Teil sehr bekannten Physikern, u. a. Walther Gerlach, Otto Hahn, Werner Heisenberg, Max von Laue und Carl Friedrich von Weizsäcker, in Farm Hall in England interniert.

Ohne die massive Unterstützung einiger wohlwollender, wohl eher gestriger Hochschullehrer und politischem Druck hätte das seinerzeit nicht funktioniert. In der Nachkriegszeit gab es, neben den Württembergern Kurt Georg Kiesinger und Hans Karl Filbinger, auch in Schleswig-Holstein zahlreiche Altnazis.

Die Siemenstochter Kraftwerkunion KWU in Erlangen und die damalige konservative CDU-Landesregierung in Schleswig-Holstein unter Stoltenberg luden mich zu mahnenden Gesprächen vor – aber vergeblich. So lernte ich sehr früh, meine Position gegen massiven Widerstand durchzusetzen.

Die Atomindustrie wollte – mit all ihren lauteren und hinterlistigen Methoden – in die Wissenschaftsfreiheit eingreifen und meine Dissertation in Kiel verhindern. Der solidarische Widerstand war erfolgreich und ich promovierte schließlich in Bremen mit einer kritischen Arbeit zum Umgang mit Kernenergie.

Ist es doch unglaublich, dass die Debatte um den Atomausstieg, die ich in meiner Dissertation behandelte und für die Schule aufarbeitete, noch heute aktuell ist. So können wir an den Atomausstieg 2022 glauben!? Immerhin 36 Jahre nach Tschernobyl!

Ein Fazit aus den Schwierigkeiten mit meiner Promotion ist, dass man eben politische Gegner mit allen Mitteln bekämpft. Das geschieht heute noch allerorten, bleibt aber in der Regel vollkommen geheim.

Übrigens: Das Atom-U-Boot „Otto Hahn“ wurde nach einer mehrwöchigen Liegezeit im arabischen Emirat Abu Dhabi erst Ende 2009 von seiner letzten Reederei in Griechenland für 2,5 Millionen US-Dollar zum Abbruch nach Bangladesch verkauft. Eine lange Irrfahrt einer einst so großen Hoffnung der Wissenschaft!

12 Das Terrorregime der Noten und der Klausurprüfungen

Die Noten im Bachelor entscheiden über die Masterplätze und letztendlich auch über die Berufschancen. Unbestritten sollen die Leistungen der Studierenden vergleichbar gemacht werden. Nichtsdestotrotz sind Noten immer ungerecht und messen nie objektiv die erbrachten Leistungen. Kann es anders gehen?

Nach Leonie Seifert in Zeit Campus[5] werden Noten dafür verwendet, um an ihnen ablesen zu können, wie gut die jeweiligen Studierenden sind. Auch sollen Vergleiche zwischen ihnen ermöglicht werden. Das Vergeben von Noten soll für die Professoren und die Arbeitgeber als Hilfe dienen, die Leistung eines Studenten bzw. einer Studentin besser einschätzen zu können.

Das ist für Leonie Seifert gerade das Problem, sie schreibt:

> „Genau das funktioniert eben nicht. Noten erwecken zwar den Anschein, man könnte sie untereinander vergleichen. Aber sie hängen nicht nur von der Leistung ab. Es gibt Fächer, in denen es sehr viel leichter ist, ein gutes Zeugnis zu bekommen als in anderen."[6]

Diese Tatsache spiegelt auch meine Erfahrungen in der Lehramtsausbildung wider. So ist es für die Physikstudierenden, die entweder in einem reinen Fachbachelor, in einem polyvalenten oder in einem lehramtsbezogenen Bachelor studieren, schwieriger, gute Noten zu bekommen, als in anderen Fächern. Das kann daran liegen, dass die meisten Lehrveranstaltungen in den Physikbachelorstudiengängen aufgrund von Kapazitätsproblemen nicht lehramtsbezogen ausgebracht werden.

5 http://www.zeit.de/campus/2013/02/notenvergabe-hochschulen-ungerechtigkeit (Zugriff: 22.10.2017).

6 Ebd.

Ein großer Unterschied in der Notenvergabe kann über die verschiedenen Studiengänge hinweg beobachtet werden. Nach Zeit Campus (s.o.) erhalten die Studierenden in der Psychologie durchschnittlich die Note „sehr gut", was für die Physik völlig undenkbar wäre.

Analoges kann über Studierende in den Wirtschaftswissenschaften, im Maschinenbau oder in den Rechtswissenschaften festgehalten werden, da in diesen Studiengängen nicht selten die Note „befriedigend" vergeben wird, wie eine Studie des Wissenschaftsrats ergeben hat. In dieser Studie sind die Abschlussnoten aus dem Jahr 2010 analysiert worden, mit einem für mich nicht unerwarteten Ergebnis: Es existieren über alle Fächer hinweg die unterschiedlichsten Maßstäbe in der Notenvergabe. Dementsprechend ist die Note „sehr gut" in der Physik nicht mit derselben Note in der Geschichte oder in der Geographie gleichzusetzen, denn die Normen in den einzelnen Fächern unterscheiden sich sehr stark voneinander.

Jedoch nicht nur zwischen den einzelnen Fächern können variierende Bewertungskriterien für die Notenvergabe beobachtet werden. Als Institutsleiter der Physik habe ich erfahren, dass es hierzu auch differierende Vorstellungen in einem Institut an einer Universität geben kann. So ist es nicht verwunderlich, dass einige Professoren strenger bewerten als andere, das weiß doch jeder. Nach der bereits zitierten Studie des Wissenschaftsrats gibt es ganze Fachbereiche, sogar Hochschulen, an denen es für die Studierenden leichter ist, gute Noten zu erhalten, als an anderen Einrichtungen.

Im Folgenden sollen Beispiele beschrieben werden, um die Schieflage der Notenvergabe zu illustrieren:

> „In BWL liegt der Notenschnitt der Bachelorstudenten in Deutschland bei 2,3. Die besten Abschlüsse machen die Studenten der Frankfurt School, durchschnittlich schließen sie mit 1,7 ab. Die Frankfurt School ist eine private Hochschule, dort sind die Noten häufig besser. Aber auch an der TU München, einer staatlichen Uni,

liegt der Schnitt noch bei 1,9, an der TU Clausthal hingegen bei 2,8. Das ist fast eine ganze Note schlechter.

Sind die Studenten in Clausthal dümmer als die in Frankfurt und München? ‚Unwahrscheinlich', sagt Werner Mellis. Er ist Professor für Wirtschaftsinformatik und Dekan der Wirtschafts- und Sozialwissenschaftlichen Fakultät der Universität Köln. ‚Das Niveau ist einfach unterschiedlich hoch', sagt er. Sprechen schlechte Noten also für ein anspruchsvolleres Studium?"[7]

Dieser Sachverhalt macht aus meiner Sicht deutlich, dass je nach den Fachkulturen und den einzelnen Vorstellungen der Dozierenden die Notenvergabe an deutschen Hochschulen erfolgt. Die Kriterien für die Notenvergabe sind meist nicht transparent. Welcher Dozierende erklärt seinen Studierenden, wie er die Modulleistungen bewerten möchte? Werden Kriterien über die ganze Lerngruppe hinweg oder nach traditionellen Standards festgesetzt? Wie werden die in den Studienordnungen beschriebenen Kompetenzen erfasst und in Noten umgesetzt? Die Antworten auf derartige Fragen legen eine große Varianz in der Notenvergabe in einem Fach, in einer Institution und natürlich an unterschiedlichen Hochschulen nahe. Leonie Seifert in Zeit Campus schreibt dazu, dass es davon abhängt, wo man studiert, um bestimmte Note am Ende des Studiums auf dem Zeugnis stehen zu haben. Ähnlich sieht es Horst Hippler, Präsident der Hochschulrektorenkonferenz und damit der Vertreter der deutschen Hochschulen, indem er Noten nicht wirklich als gerecht bezeichnet.

Demzufolge ist die über Noten angestrebte Vergleichbarkeit für mich unmöglich und führt zu Missständen. Noten können unfair sein. Vor diesem Hintergrund wird deutlich, dass wir durch die in Bachelor- und Master-Studiengängen geforderten Noten in ein Dilemma kommen.

Wolfgang Marquardt, der Vorsitzende des Wissenschaftsrats, ist der Ansicht, dass es in der Pflicht der Akteure in der

---

7 Ebd.

Hochschulausbildung liegt, adäquat und im Sinne einer Vergleichbarkeit mit Noten umzugehen. Denn gerade die Noten entscheiden, wie bereits diskutiert, über Lebenschancen und -wege unserer Studierenden. Damit hat die Bachelor- und Master-Reform ein weiteres Unheil über uns gebracht. Leonie Seifert in Zeit Campus zieht hierzu folgenden Schluss: „Gerade das ist so paradox: Noten sind zwar nicht besonders aussagekräftig, aber sie bestimmen trotzdem über die Vergabe der Masterplätze und, neben Assessment-Centern und Vorstellungsgesprächen, auch über den ersten Job."[8] Stefan Kühl, Professor für Soziologie an der Universität Bielefeld, hat eine Theorie, die die Noteninflation erklären könnte.

> „‚In vielen Fächern versuchen Dozenten, schlechte Noten zu vermeiden', sagt er. ‚Denn die führen dazu, dass Studenten in die Sprechstunde kommen, Klausuren noch mal schreiben müssen oder sogar klagen. Das alles ist für Dozenten unangenehm.' Kühl spricht von einem ‚Nichtangriffspakt' zwischen Dozenten und Studenten. Motto: Belästige mich nicht bei meiner Forschung, dann bekommst du von mir eine gute Note. An privaten Hochschulen hätten Professoren zusätzliche Hemmungen, Studenten, die viel Geld für ihr Studium zahlen, schlecht zu bewerten."[9]

Meine Erfahrung im Umgang mit den Noten vor der Bachelor- und Master-Reform sind ganz andere. Früher war ein Universitätsstudium je nach Lerntyp und Finanzausstattung der Eltern oder eines Stipendiums individuell weitgehend frei zu gestalten. Die Studierenden konnten ihr Lernen kontinuierlich anlegen oder auf das Ende konzentrieren. Es galt lediglich ein Grundsatz, der aber den Studienalltag wenig bestimmte: Für das Examen sollte das Wissen irgendwie präsent sein.

---

8 Ebd.

9 Ebd.

Das permanente Prüfen verdirbt nun allerdings beim Bachelor-Master-Ansatz im Sinne der von Politikern und Bürokraten angezettelten Bologna-Reform in der Praxis vom ersten Semester an nicht nur die Laune, sondern häufig auch die Examensnote. Leistungen werden vom ersten Studientag an aktenkundig und sie sind ohne jede Chance auf Reparatur.

Manchen mag das allerdings entgegenkommen. Denn die Studierenden sind durchaus unterschiedliche Lerntypen: eher permanente oder eher Vorratslerner. Man sollte aber allen Studierenden entgegenkommen und entsprechende Prüfungsordnungen verfassen, die den Fakten Rechnung tragen. Permanente Klausuren und Prüfungen bestimmen heute den Studienalltag. Das musste ich leider erleben! Studenten veränderten sich dabei total.

Das verursacht bei allen Lehrenden und Lernenden einen unerbittlichen Stress und ständige Terminzwänge. Alle fühlen sich wie funktionieren müssende Lernautomaten. Ein nachdenkliches und selbstbestimmtes Studium weicht der permanenten Jagd nach Noten und alle befinden sich gleichsam im Hamsterrad der früher völlig unbekannten „Credit-Points".

Nach gut fünfzehn Jahren intensiver Bachelor-Erfahrung stellt der Präsident des Deutschen Hochschulverbandes fest, dass es im derzeitigen Studium an Muße, Entspannung, Entschleunigung fehlt.

„Zu verschult, zu unstudierbar, zu viel Notendruck", wurde die Reform im Sender Deutschlandfunk im Jahre 2016 kritisch zusammengefasst. Lässt man die Studierenden zu Wort kommen, dann erhält man ein ähnlich kritisches Urteil. Trotz der umfassenden Kritik von Anfang an und von allen Seiten, blieb diese ungehört. Das Bachelorexamen in Physik bietet zudem, wie bereits in früheren Kapiteln erörtert, keine wirklich angemessene Berufschance, wie es vielen Studierenden fälschlicherweise immer wieder vorgegaukelt wird. Die Zahl der Studienabbrecher ist, entgegen der Absicht, enorm. Für manche Fächer mag das anders sein, aber in den Naturwissenschaften wohl kaum.

So bleibt all jenen an Physik und dessen Studium Interessierten eigentlich nur der Weg über den Master bzw. über eine Promotion. Oder er begnügt sich mit einem anwendungsorientierten Fachhochschulniveau ohne jegliche akademische Ambition, wie eigentlich an Universitäten üblich.

In der Werbung für alle Bachelorstudiengänge wird etwa von Grünwald, Kopper und Pohl durch ihr reißerisch aufgemachtes Buch über Turbostudenten „Bachelor plus Master in 4 statt 11 Semestern" ein vollkommen abwegiger Vorschlag zum Bachelorstudium unterbreitet. Die Werbekampagnen mancher Politiker haben oft einen ähnlichen unsinnigen Tenor. Sind Bildung und Turbo sinnvoll vereinbar? Die Autoren bezeichnen sich selbst als Turbostudenten und sind als junge Bankkaufleute den Naturwissenschaften und der Technik wohl völlig fremd.

Es ging ihnen offensichtlich weniger um ein wirkliches Konzept von wahrer Bildung, sondern vielmehr darum, den Verkauf ihrer oberflächlich verfassten Bücher unter falschen Voraussetzungen zu fördern. Mit einem echten Universitätsstudium oder der Physik als Wissenschaft hat das Buch keineswegs irgendetwas zu tun.

Das für mich besonders Erschreckende war die Tatsache, wie schnell die Studierenden sich dem neuen Lerntrott anpassen können, ohne nach dem eigentlichen Sinn ihres eigenen Tuns und ihren Zukunftsperspektiven zu fragen. Ist das noch der Geist eines Hochschulstudiums? Mit der Bachelor- und Master-Reform wurde das Hochschulstudium für mich zu einer reinen Ausbildung mit Leistung und Gegenleistung. Die Frage „Kommt das in der Klausur dran?" zerstörte jede fachlich-inhaltliche Diskussion!

13 Studium: Ausbildung oder Bildung?

Es war ausgerechnet der Freund Gerhard Schröders, der britische Sozialdemokrat Tony Blair aus Schottland, der 1998 erstmals durch die Einführung von erheblichen Studiengebühren in der britischen Finanzkrise im Bildungsbereich das Hochschulwesen vor dem finanziellen Absturz retten wollte.

Die deutschen Nachahmer, vorwiegend aus dem CDU/CSU-Lager, versuchten dies zaghaft in einigen Bundesländern, um es, nach Protesten und Abwanderungen der Studierenden, allerdings weitgehend wieder aufzugeben. Allerdings flammt die Diskussion nach Studiengebühren immer wieder mal auf.

Ganze 9.000 bis 10.000 Euro Studiengebühren pro Semester plus Lebenshaltungskosten, da kostet das Studium leicht schon mal 20.000 bis 30.000 Euro in Großbritannien oder den USA. Das bedeutet für die unteren sozialen Schichten den Verzicht auf eine Hochschulausbildung, endloses Jobben zu Lasten der Zeit fürs reine Studieren oder eine immense Verschuldung.

Kredite bzw. lebenslange Schulden wurden auf diese Weise für viele Studierende in Großbritannien und USA eine bittere Realität. In Wahrheit geht es also nicht um Bildung im eigentlichen Sinne, sondern um Marketing der eigenen Person.

Mit solchen Studiengebühren kam es, wie in der Immobilienblase der USA, zum Finanzierungsdesaster und zu tragischen Abstürzen durch Konkurse. Zwielichtige Kredithaie wittern hier ihr unmenschliches Geschäft im Verkauf von Studienplätzen mit dem Versprechen eines besseren Lebens. Millionen von Chinesen werden so in den USA sogar heimtückisch mit falschen Karriereversprechen angeworben. Viele laufen dann offenen Auges ins Desaster!

Im Allgemeinen bezieht sich eine Ausbildung auf ein konkretes, pragmatisches Ziel wie etwa bei einem Führerschein oder einem handwerklichen Lehrabschluss. Man bekommt ein Zertifikat, manchmal mit Note, manchmal auch ohne.

Bildung ist jedoch vielmehr ein allgemeines Ziel der Formung und Entwicklung des Individuums und der Persönlichkeit eines Menschen. Eine Universität hat in der Regel vor allem eine solche, eher ganzheitliche Aufgabe von Bildung.

Durch die Abschaffung der Diplom- und Magisterstudiengänge und die Einführung von Bachelor- und Masterabschlüssen scheint nun der Ausbildungscharakter des Studiums fast vollkommen in den Vordergrund gerückt zu sein. Bildung ist offensichtlich zunehmend auf dem völligen Rückzug.

Meine langjährigen Erfahrungen als Student und Hochschullehrer können diesen Sachverhalt nachdrücklich belegen. Als Studierender will man heute vor allem Punkte und weniger Bildung. Als Hochschullehrer wurde ich gegen Ende meiner Hochschullaufbahn stets schon in der ersten Semesterwoche mit Fragen gelöchert, ob das denn in der Klausur drankomme. Bevor der Bachelor über uns kam, war das eher selten.

Ausbildung umfasst in der Regel die Vermittlung von Fähigkeiten, Kenntnissen und Sachwissen an einen Menschen beliebigen Alters durch eine ausbildende Stelle wie etwa eine Schule, eine Hochschule, aber auch ein Unternehmen.

Im Regelfall steht am Ende einer institutionellen Ausbildung eine Abschlussprüfung des Absolventen, der nach erfolgreicher Teilnahme ein Dokument erhält, das den positiven Abschluss der Ausbildung bescheinigt und seine erworbene Befähigung nachweist, beispielsweise ein Zeugnis oder Zertifikat, eine Promotion oder einen Meister im Handwerk.

Eine Ausbildung unterscheidet sich vom allgemeineren Begriff der Bildung durch ihre fast vollkommene Vollendung und Zweckbestimmtheit.

Bei einer Definition von Bildung wird in der Regel in Deutschland mit ihrer Tradition auf das humboldtsche Bildungsideal zurückgegriffen. Es fußt auf dem ahd. „bildunga" wie Schöpfung, Bildnis, Gestalt und bezeichnet die Formung des Menschen im Hinblick auf sein „Menschsein", also seiner geistigen Fähigkeiten, und geht weit über eine Ausbildung hinaus.

Als Zeichen von wahrer Bildung lässt sich bezeichnen: sowohl das reflektierte Verhältnis zu sich selbst als auch das zu anderen Menschen in der Welt.

Ein ganzheitlicher Bildungsbegriff steht für einen lebensbegleitenden Entwicklungsprozess des Menschen, bei dem er seine geistigen, kulturellen und lebenspraktischen Fähigkeiten sowie seine persönlichen und sozialen Kompetenzen grundlegend erweitern kann. Bei der internationalen Vereinheitlichung geht wohl die besondere deutsche Tradition bedauerlicherweise verloren.

Wilhelm von Humboldt (1767–1835) hat im Sinne der Aufklärung den Bildungsbegriff, allerdings nur für Deutschland, neubestimmt. Die Reform nach „Bologneser Art“ hat allerdings wohl nur wenig mit dieser Bildung zu tun.

In der deutschen Tradition der Bildung werden etwa Herwig Blankertz, Hartmut von Hentig und Wolfgang Klafki genannt. Sie gehen in der internationalen Diskussion allerdings immer mehr verloren. Wohl auch deshalb, weil der unvergessene Herwig Blankertz schon über dreißig Jahre tot ist und Klafki vor einem Jahr mit fast 90 Jahren starb.

Hartmut von Hentig, ebenfalls schon jenseits der 90, hat sich seit dem Odenwald-Skandal aus der Öffentlichkeit vollkommen zurückgezogen. Seine hervorragenden Bücher, die ich ungeachtet seiner persönlichen Verfehlungen für pädagogisch etwas veraltet, aber dennoch für wegweisend und ausgesprochen tiefsinnig halte, werden leider für einen Euro verramscht. Angesichts seiner großen Verdienste für die Pädagogik macht mich das sehr traurig.

Während in unserem Alltagsdenken und -handeln der Bildungsbegriff stark mit Begriffen wie „Belehrung“ und „Wissensvermittlung“ verbunden ist, wurde er seit Wilhelm von Humboldt in der Theorie und in der Programmatik grundlegend erweitert.

Nach Hartmut von Hentig komme „dem Wort Bildung seither das Moment der Selbständigkeit, also des Sich-Bildens der Persönlichkeit" zu.[10]

Bei Humboldt ist hierzu Folgendes zu lesen:

> „Es gibt schlechterdings gewisse Kenntnisse, die allgemein sein müssen, und noch mehr eine gewisse Bildung der Gesinnungen und des Charakters, die keinem fehlen darf. Jeder ist offenbar nur dann ein guter Handwerker, Kaufmann, Soldat und Geschäftsmann, wenn er ansich und ohne Hinsicht auf seinen besonderen Beruf ein guter, anständiger, seinem Stande nach aufgeklärter Mensch und Bürger ist.
>
> Gibt ihm der Schulunterricht, was hierfür erforderlich ist, so erwirbt er die besondere Fähigkeit seines Berufs nachher so leicht und behält immer die Freiheit, wie es im Leben so oft geschieht, von einem zum anderen überzugehen."[11]

Analysiert man das Wort „Bildung", dann steht es in einer Beziehung zu „Erziehung" und „Sozialisation". „Bildung" kann als ein typisch deutsches Konzept beschrieben werden. Im Gegensatz zum Deutschen werden die drei genannten Begrifflichkeiten im Englischen und im Französischen als „Education" zusammengefasst. Dem Aspekt der „Formation", der inneren Formbildung, kommt dabei eine besondere Bedeutung zu.

Die Debatte um Bildung ist typisch deutsch und die international keiner wirklich versteht, wie ich in zahlreichen Gesprächen mit Kolleginnen und Kollegen aus dem Ausland festgestellt habe.

Die Idee von Bildung findet man unter anderem ausführlich bei Pestalozzi, Schiller und Goethe. „Kopf, Herz und Hand"

---

10 Vgl. https://de.wikipedia.org/wiki/Bildung#cite_note-7 (Zugriff: 30.10.2017).

11 Wilhelm von Humboldt: Rechenschaftsbericht an den König, Dezember 1809. Zitiert nach: Thomas Ellwein: Die deutsche Universität. Vom Mittelalter bis zur Gegenwart. Königstein 1985, S. 116.

bilden dort eine Einheit. Die Bildung sollte, trotz Digitalisierungswahn, auf keinen Fall vollkommen verschwinden.

Immanuel Kant präzisiert in seiner Schrift „Über Pädagogik" die Aufgabe von Bildung, wenn er schreibt:

> „Die Pädagogik oder Erziehungslehre ist entweder physisch oder praktisch. […] Die praktische oder moralische ist diejenige, durch die der Mensch soll gebildet werden, damit er wie ein frei handelndes Wesen leben könne. […]
>
> Sie ist Erziehung zur Persönlichkeit, Erziehung eines frei handelnden Wesens, das sich selbst erhalten und in der Gesellschaft ein Glied ausmachen, für sich selbst aber einen inneren Wert haben kann."[12]

Bildung wird mit Wilhelm von Humboldt zu einem eigenen Programm erhoben. Nach Humboldt existiere ein Bedürfnis in jedem Menschen, sich zu bilden. Dieses Bedürfnis sei im Inneren jedes Menschen angelegt und müsse demzufolge nur geweckt werden. Das bedeute aber auch, dass Bildung für alle zugänglich sein sollte. In einem mehrgliedrigen Schulsystem, dessen Entstehung fälschlicherweise Humboldt zugeschrieben wird, soll jeder nach seinen Fähigkeiten und nach den aus der Gesellschaft kommen Rahmenbedingungen gefördert werden. Beim humboldtschen Bildungsideal kann von der Ausbildung und der Vervollkommnung der Persönlichkeit bzw. dem Erlangen von Individualität ausgegangen werden. In diesem Sinne wird das „Sich-Bilden" nicht betrieben, um ein materielles Ziel zu erreichen. Vielmehr ist Bildung auf die eigene Vervollkommnung ausgerichtet und dient der Vervollkommnung der eigenen Persönlichkeit.

Welche Bildungsinhalte als „klassisch" gelten könnten, kann aber niemals ein für alle Mal festgeschrieben werden, sondern ist abhängig von historisch-kritischer Aneignung und

---

12 Immanuel Kant, AA IX: Logik – Physische Geographie – Pädagogik. Akademie-Textausgabe von Immanuel Kants Gesammelten Werken, S. 455.

einem fortdauernden Prozess der Herausbildung überzeugender Leitbilder.

Aus Klafkis Sicht zielt Bildung auf die Vermittlung und den Erwerb von drei grundlegenden Zielen:

- Selbstbestimmungsfähigkeit,
- Mitbestimmungsfähigkeit,
- Solidaritätsfähigkeit.

Der Bildungsbegriff war in der Geschichte stets im Wandel und wurde politisch auch oft missbraucht wie etwa zur Rechtfertigung des dreigliedrigen Schulsystems.

Eine solche Bildungstradition ist den meisten „Bologna-Verbündeten“ – oder gar den von ökonomischen Interessen dominierten OECD-Staaten – allerdings vollkommen fremd.

Insbesondere gibt es in den USA keinerlei humanistische Bildungstradition wie in Deutschland, und die determiniert die internationale Bildungs- und Lernforschung fast vollkommen. Die deutschen Bildungspolitiker haben sich in den PISA-Gremien offensichtlich komplett über den Tisch ziehen lassen, wie das Ergebnis dokumentiert.

Es geht, wie stets in der Bildungspolitik aller Parteien, eigentlich und letztlich immer mehr um ökonomische Fragen von Geld und Macht, weniger um Grundsatzfragen einer wahren humanistischen Menschenbildung.

14 Der PISA-Betrug

Mit den Ergebnissen der PISA-Studie wird allerorten Politik gemacht. Die nationalen und internationalen PISA-Ergebnisse werden in der Regel allerdings missbraucht für Ergebnisse hinsichtlich der Qualität von Schule und Unterricht oder sogar der Lehrkräfte, für die sie überhaupt nicht objektiv und valide sind. Dazu gibt es mittlerweile hinreichend viele kritische Studien.

Durch PISA wurde nicht nur die fragwürdige, oft missverstandene Kompetenzorientierung in die Schule gebracht. Auch das Hochschulstudium blieb, entgegen einem wirklichen Bildungsanspruch, davon nicht unberührt.

Als Hochschullehrer hatte ich lange Jahre eine interne Einsicht in die nationalen und internationalen Schulleistungsuntersuchungen wie TIMSS und PISA.

Es gilt hier die Binsenweisheit: Jeder, der eine empirische wissenschaftliche Studie anfertigt, gebe die Grenzen der Gültigkeit immer sorgfältig an.

Mit meinen Institutsdirektoren am IPN in Kiel, Jürgen Baumert und Manfred Prenzel, die persönlich sehr sympathische und hilfsbereite Kollegen waren und sind, hatte ich als Physikdidaktiker jahrelang kontroverse Dispute über den Sinn und den Wert von solchen vergleichenden empirischen Schulleistungsuntersuchungen aller Art.

Beide machten später übrigens gewaltig Karriere, zum Beispiel als Max-Planck-Direktor oder als Wissenschaftsratsvorsitzender. Sie schwammen stets brav im Strom des Zeitgeistes mit und bekamen von den bildungspolitischen Entscheidungsträgern große Projekte und damit auch viel finanzielle Unterstützung zu Lasten der Konkurrenz, der ich immer angehörte.

Mit ihrer Herkunft aus der Erziehungswissenschaft oder der Psychologie und der Bildungsforschung waren sie prinzipiell anders orientiert, als ich es als Fachdidaktiker und praktischer Lehrerbildner jemals war oder sein könnte.

Ich wollte „ja nur" den Physikunterricht konkret verbessern und den Lehrerinnen und Lehrern dabei helfen.

Bei manchen Psychologen und Bildungswissenschaftlern standen offensichtlich ganz andere Forschungsinteressen im Vordergrund, wie internationales und bundesweites Renommee und vor allem die Drittmittelfähigkeit. Physik und Physikdidaktik gingen dabei manchmal vollkommen verloren.

Als Fachmann für didaktische Unterrichtsgestaltung und fachliche Korrektheit habe ich stets mit Experten für Methoden der Evaluation zusammengearbeitet, habe mich aber niemals als einer von ihnen verstanden.

In meiner Zeit als Hochschullehrer wurde ich in demokratischen Wahlen zum einen zum Dekan einer viele Fächer umfassenden großen mathematisch-naturwissenschaftlichen Fakultät und zum anderen zum Direktor des Instituts für Physik und Astronomie gewählt. Das hatte zur Folge, dass es bei mir im Bereich der Forschung immer eine Nummer kleiner blieb. Auch war ich in meinen Forschungsprojekten stets an der Schulpraxis interessiert.

Meine Hauptkritik an den Ergebnissen, etwa von PISA, ist, dass sie empirisch jeweils nur einen kleinen Teil der Schul- und Unterrichtsrealität messen können. Ihre Ergebnisse werden jedoch in der Regel so verwendet, als seien sie ein Messergebnis über ein bestimmtes Schulsystem.

Gegen die Eingrenzung der Gültigkeit von empirischen Daten wird sehr häufig verstoßen. Insbesondere in der öffentlichen Rezeption und der Politik wimmelt es von Missverständnissen und interessengeleiteten Fehlinterpretationen aller Art.

Die Aussagen von Interessengruppen in der Politik haben in der Regel keine wirkliche empirische Legitimation im streng wissenschaftlichen Sinne.

Auch wird die staatliche Einflussnahme auf die Art der Datenerhebung und die Auswahl der Schulen in manchen der Länder in keiner Weise überhaupt in Frage gestellt.

Die PISA-Studien haben Tausende von Arbeiten ausgelöst, die den skalierten Datensatz, etwa Kompetenzwerte und

Hintergrundvariable, unter verschiedensten Aspekten näher auswerten.[13]

Viele dieser durchaus wertvollen Arbeiten sind in wissenschaftlichen Fachzeitschriften der Öffentlichkeit zugänglich gemacht worden. Interessanterweise scheint es bei den PISA-Studien keine Qualitätskontrolle zu geben, denn die Ergebnisse werden im Eigenverlag der OECD ohne vorherige externe Begutachtung veröffentlicht.

Aufgrund der Wiederholung in der PISA-Testung werden die Aufgaben in der Regel streng geheim gehalten, was aus meiner Sicht einen Verstoß gegen angemessenes wissenschaftliches Arbeiten darstellt. Ein solches Vorgehen verwundert nicht, wenn man bedenkt, dass sich PISA als interessensgeleitete bzw. sogar -gebundene Auftragsforschung bezeichnet. Die Forschung wird von den einzelnen Regierungen der teilnehmenden Länder finanziert und von privatwirtschaftlichen Instituten durchgeführt.

Ich wurde etwa Ende der neunziger Jahre von Prenzel als Gutachter zur Bewertung der Reliabilität und Passfähigkeit der PISA-Aufgaben mit unseren Lehrplänen eingesetzt – gegen Honorar übrigens. Das PISA-Konsortium konnte großzügig zahlen, aber mit Schweigeauflage bezüglich des Aufgabeninhalts. Dies ist verständlich, aber unüblich in der Wissenschaft.

Vor dem Hintergrund, wie die PISA-Studien durchgeführt und wie Ergebnisse veröffentlicht werden, haben es die Kritiker schwer. Denn bislang scheint kein zentrales, internationales Publikationsorgan zu existieren, in dem die Auseinandersetzung mit PISA kritisch und bündelt erfolgen kann. Begibt man sich auf die Suche nach den kritischen Arbeiten, dann sind diese bisher in sehr unübersichtlicher Weise an teilweise recht entlegenen Orten publiziert worden.

So ist es nicht verwunderlich, dass erst mit einigen Jahren Verzögerung sich die Wissenschaftlerinnen und Wissenschaft-

13 Vgl. https://de.wikipedia.org/wiki/Kritik_an_den_PISA-Studien (Zugriff: 30.10.2017).

ler zusammenfinden, um ihre Kritikpunkte an den PISA-Studien in konzertierter Form vorzutragen. Meine ehemaligen Potsdamer Kollegen Thomas Jahnke und Wolfram Meyerhöfer tragen in einer Systematisierung verschiedene kritische Veröffentlichungen zu PISA zusammen und liefern damit die Grundlage für eine weitere strukturierte Debatte.

> „In diesem Zusammenhang wird auf die stark ökonomische Zielsetzung der OECD und auf die Intransparenz und mangelnde demokratische Legitimität der Entscheidungsprozesse in PISA hingewiesen."[14]

Die PISA-Studien haben die Schwerpunkte auf die drei Bereiche Mathematik, Muttersprache und Naturwissenschaften gelegt und die Gesellschaftswissenschaften, die Fremdsprachen und die musischen und künstlerischen Fächer nicht beachtet.

Aber auch im Bereich Deutsch wird die literarische Bildung ausgeklammert – weil man sie schlecht messen kann?

Zentrale Bildungsbereiche wie sprachliches Ausdrucksvermögen, literarisches Wissen, historisches, geographisches, politisches und wirtschaftliches Wissen, religiöse und ethische Grundbildung sowie ästhetische Grundbildung werden ebenfalls nahezu völlig ausgeblendet. Auch das Sozialverhalten bleibt unberücksichtigt.[15]

Ein wichtiger Aspekt bei solchen Studien ist die curriculare Validität. Unter curricularer Validität wird die Übereinstimmung der Testaufgaben mit dem Lehrplan der getesteten Schulen verstanden. Hierzu existieren unterschiedliche Anschauungen, denn beispielsweise lehnte Jürgen Baumert, der Leiter der PISA 2000, die curriculare Validität noch kategorisch ab. Manfred Prenzel, sein Nachfolger, wird hingegen die curriculare Validität betonen. Hinzuzufügen bleibt der

14 https://de.wikipedia.org/wiki/Kritik_an_den_PISA-Studien (Zugriff: 30.10.2017).

15 http://www.news4teachers.de/2013/12/lehrerverbands-chef-kraus-stellt-pisa-schon-vor-erscheinen-infrage/ (Zugriff: 31.10.2017).

Sachverhalt, dass angesichts der überwiegend geheim gehaltenen Aufgaben die curriculare Validität, außer durch sogenannte Expertenurteile, bislang nicht geklärt werden kann.

Des Weiteren variieren in den einzelnen Bundesländern in Deutschland die Lehrpläne sehr stark. Beispielsweise in meinem Fach gibt es keinen Konsens darüber, welche physikalischen Inhalte, im welchen Umfang diese Inhalte und in welcher Klassenstufe sie zu unterrichten sind. Demzufolge ist eine Anpassung der Testaufgaben an die einzelnen Schulcurricula allein in Deutschland schwierig.

Die Schülerinnen und Schüler, welche die Aufgaben bearbeiten sollen, zeichnen sich durch unterschiedliche Voraussetzungen aus. PISA reagiert auf die für mich fehlende curriculare Passung mit einem entsprechenden Aufgabenformat. So wird zum Beispiel das zur Bearbeitung benötigte Wissen in den Aufgabenstamm mit angegeben. Ferner setzt man des Öfteren auf Multiple-Choice-Aufgaben.

Die unterschiedliche Vertrautheit mit diesem gewählten Aufgabenformat könnte ebenfalls zu einem weiteren Problem werden. Bis zu 10 Prozent der deutschsprachigen Schülerinnen und Schüler können das Multiple-Choice-Format überhaupt nicht verstehen und kreuzen mehr als eine Antwortalternative an, wo implizit gegeben war, dass genau eine Antwort richtig ist.

In Taiwan und Korea etwa herrscht eine unbedingte Leistungsmotivation, wo vor der Testsitzung die Nationalhymne gesungen wird, was bei uns vollkommen lächerlich erscheint. Ganz anders sind beispielsweise norwegische oder dänische Schülerinnen und Schüler, die sich eher fragen, was der Test ihnen persönlich bringt. Die Frage nach einer Win-Win-Situation für die einzelnen Schüler stellt sich spätestens dann, wenn die Testaufgaben keinen Spaß machen und sie sich beim Bearbeiten der Aufgaben nicht mehr weiter anstrengen.

Bei der Analyse der Ergebnisse aus den PISA-Studien konnte wiederholt festgestellt werden, dass die Leistungsunterschiede innerhalb eines jeden Staats größer sein können als typische Unterschiede zwischen den verschiedenen Staaten. Das hat zur Folge, dass eine Messgenauigkeit im unteren Prozentbereich erforderlich wird, um statistisch signifikante Aussagen über solche Unterschiede treffen zu können.

Messstatistisch begegnet man diesem Problem, so auch in den PISA-Studien, durch die Verwendung einer sehr hohen Probandenzahl. Demzufolge wird in PISA angestrebt, dass ca. 5.000 Schülerinnen und Schüler pro Staat an den Studien teilnehmen. Mit den offiziellen Standardfehlern können mögliche systematische Verzerrungen nicht unbedingt berücksichtigt werden.

Zusammenfassend werden die wissenschaftlichen Ergebnisse in der Politik, je nach Interessenlage, verwendet und dabei oft verdreht, da Darstellungen verkürzt und oberflächlich bleiben müssen.

Keiner versteht wirklich die Ergebnisse, aber man tut in der Regel so, als verstehe man die multiplen und komplexen Zusammenhänge.

Der Vorwurf, dass PISA sehr stark von den sprachlichen Voraussetzungen der Teilnehmenden abhängt, bleibt bestehen. Zum Beispiel umfasste der OECD-Einschätzfragebogen 2003 von PISA im International Student Assessment im Teil „Learning for Living“ Physik allein 42 eng bedruckte Seiten mit umfangreichen und schwierigen Texten und Zeichnungen. Demzufolge verwundert die Frage nicht, ob hier wirklich Inhalte oder Sprach- und Lesefähigkeiten getestet werden sollten.

Kein Wunder, dass unterprivilegierte Schülerinnen und Schüler aus benachteiligten Bevölkerungsschichten dabei erwartungsgemäß eher schlechter abschneiden.

15 Gibt es noch ein Zurück zum Bildungsanliegen in Zeiten der Digitalisierung aller Lebensbereiche?

Der Begriff der „Digitalisierung aller Lebensbereiche“ oder „Digitale Revolution“ bezeichnet den durch die Computertechnologie ausgelösten Umbruch. Spätestens seit der Jahrhundertwende gibt es sowohl in der Technologie als auch in allen Lebensbereichen einen radikalen Wandel. Dieser Wandel führt in die sogenannte „Digitale Welt“.

Digitalisierung gilt mittlerweile per se als gut und erwünscht. Es gibt geradezu einen Digitalisierungshype. Ob alle Befürworter wissen, was das wirklich bedeutet, ist fraglich.

Die Digitalisierung als solche und der Begriff haben bereits eine lange Entwicklungsgeschichte hinter sich.

Schaut man in die Vergangenheit zurück, dann hat man zum Beispiel schon vor langer Zeit Universalcodes verwendet.[16] Man denke hier nur an die Nachrichtenübertragung mithilfe von Licht. Bereits unsere Vorfahren im vorindustriellen Zeitalter konnten durch Rauchzeichen und Fackeltelegrafen Informationen über große Entfernungen übermitteln.

Viele Jahrhunderte später erfand 1794 der Franzose Claude Chappe den optisch-mechanischen Telegrafen, dessen Hauptbestandteil Türme mit Signalmasten waren. Diese Türme standen in einem Abstand von 10 km bis 15 km und konnten70 Zeichen nach einem bestimmten Code senden.[17]

Auch auf dem deutschen Territorium gab es eine optische Telegrafenlinie von Berlin nach Koblenz. Für die Übermittlung eines Zeichens benötigte man über die 61 Stationen nur 10 Minuten. Allerdings versagen die optisch-mechanischen Telegrafen bei Dunkelheit und schlechtem Wetter.

Neben dem Licht sind die Brailleschrift aus dem Jahre 1829 oder das Morsen, das ab 1837 betrieben wurde, weitere

16 Vgl. https://de.wikipedia.org/wiki/Digitalisierung (Zugriff: 31.10.2017).

17 Vgl. https://de.wikipedia.org/wiki/Optische_Telegrafie (Zugriff: 31.10.2017).

historische Beispiele für die Informationsübertragung mittels Universalcodes.

Generell besteht das Grundprinzip eines Universalcodes darin, dass man einen festgelegten Code zur Informationsübermittlung verwendet (wie zum Beispiel in der Funktechnik, beim Telefonieren, in der Telegrafie usw.).

In den letzten 20 Jahren haben Lichtleitfasern die Welt der Informationsübertragung revolutioniert. So ermöglichen leistungsfähige optoelektronische Bauelemente (wie die Laserdioden und die Photodioden) und Lichtwellenleiter eine effektive Informationsübertragung.

Über Glasfaserkabeln oder Satelliten können gleichzeitig Telefongespräche sowie mehrere Rundfunk- und Fernsehprogramme übertragen werden. Demzufolge kommunizieren wir heute mit dem Computer, dem Telefon oder dem Smartphone digital (wie zum Beispiel über E-Mail, Skype, WhatsApp oder anderen Programmen) und sind in einem neuen Zeitalter der Kommunikation angekommen.

Versucht man den Begriff der Digitalisierung in einem ersten Schritt zu klären, dann kann man darunter die Veränderungen von Prozessen, Objekten und Ereignissen unter Nutzung aller digitaler Geräte verstehen. Dabei kann mit der Digitalisierung in einem engeren Sinne die Erstellung digitaler Repräsentationen bezeichnen. Ferner steht Digitalisierung in einem weiteren Sinn auch für den gesamten Wandel einschließlich der digitalen Prozesse mittels Informations- und Kommunikationstechnik.[18]

In einem zweiten Schritt der Begriffsklärung sind die Aussagen zur Digitalisierung in den Bereichen von Bildung, Wirtschaft und Gesellschaft zu betrachten. Hier wird Digitalisierung oft synonym mit den Begriffen der „Digitalen Transformation“ oder der „Digitalen Revolution“ verwendet.

Egal, wie man Digitalisierung auch fassen möchte, die Umwälzungen sind in allen Lebensbereichen zu finden. Ebenfalls unbestritten ist, dass wir uns im „Digitalen Zeitalter“

---

18 Vgl. https://de.wikipedia.org/wiki/Digitalisierung (Zugriff: 31.10.2017).

befinden, da wir vor allem die Informationen digital speichern oder mithilfe verschiedenster Medien digital kommunizieren. Denn wir sind ab dem Jahr 2002 in der Lage, mehr Informationen digital zu speichern als analog.[19]

Generell vollzog sich die fast vollständige Digitalisierung der in unserer Welt gespeicherten Informationen in weniger als zehn Jahren. Zum Beispiel besagen Schätzungen, dass bereits im Jahr 2007 bis zu 94 % der weltweiten technologischen Informationskapazität digital war. Geht man davon aus, dass im Jahr 1993 es etwa 3 % waren, dann ist ein solcher Anstieg in nur 14 Jahren enorm.[20]

Natürlich hat die Digitalisierungswelle auch im Wissenschaftsbereich Einzug gehalten. Hier wird die Digitalisierung zu einem Querschnittsthema in vielen Wissenschaftsdisziplinen. Des Weiteren haben sich aufgrund des Einsatzes digitaler Technologien die Prozesse und Abläufe grundlegend geändert. „Die technische Entwicklung ist dabei ein Kernthema in der Wissenschaft Informatik, die wirtschaftlich-technische Entwicklung Kernthema in der sogenannten Wirtschaftsinformatik."[21]

Der Einfluss der Digitalisierung in der Wissenschaft wächst rasant. Demzufolge ist die wissenschaftliche Kommunikation über Internet und Smartphone nicht mehr wegzudenken. Die Schnelligkeit der Kommunikation und die Universalität der Informationen sind als die grundlegenden Vorteile der Digitalisierung zu benennen.

Ferner werden Hard- und Software einerseits immer günstiger und andererseits immer leistungsfähiger. Damit entstehen neue Möglichkeiten der weltweiten Vernetzung. Das birgt jedoch auch Gefahren des Missbrauchs aufgrund ökonomischer oder politischer Interessen in sich.

---

19 Siehe http://www.ris.org/uploadi/editor/13049382751297697294Science-2011-Hilbert-science.1200970.pdf (Zugriff: 12.11.2017).

20 Siehe Martin Hilbert, Priscila López: The World's Technological Capacity to Store, Communicate, and Compute Information. In: Science, 2011, 332 (6025), S. 60–65; martinhilbert.net/WorldInfoCapacity.html (kostenfreier Zugriff auf den Artikel).

21 https://de.wikipedia.org/wiki/Digitalisierung (Zugriff: 14.11.2017).

Die Digitalisierung aller Lebensbereiche hat unser Leben außerordentlich geprägt. Seit dem ersten Windows 1.0 Computer 1981 bei IBM, der mein Büro völlig veränderte, sind nun auch fast schon 40 Jahre vergangen. Viele der eingetretenen „Revolutionen" waren so nicht absehbar.

Die Digitalisierung betrifft sowohl den beruflichen Sektor als auch die Freizeitgestaltung. Der Prozess verlief schleichend und wird aus ökonomischen Interessen von Industrie und der derzeitigen Bundesregierung besonders massiv gefördert.

Es gibt ohne jeden Zweifel viele Vorteile durch die Digitalisierung für uns Menschen, die noch vor wenigen Jahren als vollkommen unvorstellbar galten. Innerhalb eines Jahrzehnts haben sich aufgrund der Dynamik des technologischen Wandels früher übliche Selbstverständlichkeiten und Tabus vollkommen aufgelöst.

Das Smartphone ist erst seit wenigen Jahren fast unbemerkt und schleichend, aber dennoch rasant zum selbstverständlichen Alltagsgerät vieler Menschen geworden. So zeigte die JIM Studie 2015, eine Studie zum Mediennutzungsverhalten von Heranwachsenden, dass selbst mehr als 90 % von den Befragten ein Smartphone besitzen.

Demzufolge verwundert nicht, dass viele junge Menschen - wie unsere Kinder und schon die Enkel - ein Touchpad oder ein Smartphone mit selbstverständlicher und für Ältere ungewohnter Routine bedienen. Wo sich die Älteren mühsam einarbeiten und orientieren müssen, hantieren die Kinder bereits erstaunlich geschickt.

Jedoch sollten die negativen und problematischen Aspekte des Gebrauchs neuer Medien dabei nicht völlig unter den Tisch fallen, sondern kritisch diskutiert werden.

Diese wurden zunächst, insbesondere von Grund- und Vorschulpädagogen, in der Literatur massiv vorgebracht. Sie sind zwar mittlerweile keineswegs widerlegt oder entkräftet, aber sie werden von Interessengruppen weiterhin blind vorgebracht.

In der Straßenbahn, im Zug oder in einem Warteraum trifft man fast nur noch auf Menschen mit gebanntem Blick auf ihr

Smartphone. Gespräche und soziale Kontakte sind unüblich geworden.

Die Spiele- und Unterhaltungsindustrie nutzt weltweit die Faszination an der Technologieentwicklung, insbesondere bei Kindern und Jugendlichen, um sich die milliardenschweren Märkte mit zum Teil unsinnigen Produkten zu erschließen.

Dabei spielen die Aspekte von Bildung und Kultur meist weniger eine Rolle als der enorme Profit, der unsere Gesellschaftsordnung zunehmend bestimmt.

In der Wirtschaft schreitet seit einiger Zeit die Digitalisierung immer weiter und unerbittlich voran. Das, was vor 10 oder 20 Jahren noch vollkommen unvorstellbar und keineswegs vorhersagbar war, ist heute bereits selbstverständliche Realität.

Die „Digitalisierungsinitiative" erfasst seit einiger Zeit die Gesellschaft in nahezu allen Bereichen. Auch in allen Bildungseinrichtungen vom Kindergarten bis zur Berufsausbildung und in der Politik gilt heute die Digitalisierung als ein nicht hinterfragtes Fortschrittsmerkmal der Gesellschaft.

Blickt man auf die Hochschule, insbesondere auf die Hochschullehre, dann sind ebenfalls vielfältige Umwälzungen zu beobachten. Allein in meinem Fach, in der Physik, eröffneten sich verschiedenste erweiterte Möglichkeiten durch die digitalen Medien. Ich selbst forschte um die Jahrtausendwende zum Lernen mit Multimedia und entwickelte digitale Lernmaterialien und Simulationsprogramme, um das Verstehen der Physik zu verbessern. Beim Rückblick auf diese Zeit wird deutlich, wie umständlich und zeitaufwändig es war, digitale Lernmedien zu erstellen. Auch computergestütztes Experimentieren war zu jener Zeit zeitaufwändig und kostenintensiv.

Mit der neuen Tablet- und Smartphone-Technologie sind jetzt interessante und lebensnahe Untersuchungen schnell und effizient realisierbar geworden. So besitzen die Smartphones oder die Tablets in der Regel verschiedenste Sensoren wie Mikrofon, Kraftsensor zur Beschleunigungsmessung, Riesenmagnetowiderstände zur Erfassung magnetischer Flussdichten und Gyroskope zur Messung von Winkelgeschwindigkeiten.

Dazu gibt es Apps, die in der Lage sind, Messdaten schnell auszulesen. Damit lassen sich mit mobilen Endgeräten eine Vielzahl interessanter Experimente durchführen, welche bisher ausschließlich computergestützt mit teuren und oftmals umständlich zu bedienenden, ggf. gar nicht vorhandenen Interfaces möglich waren. Hiermit zeigt sich, wie mit den rasanten Entwicklungen im Bereich der digitalen Medien die Physik und das Lehren von Physik verbessert werden können.

Die Hochschullehre wandelt sich durch die „Digitale Revolution", indem Lehrende zum Beispiel selbstbestimmtes Lernen über den Einsatz digitaler Medien umsetzen oder Feedback während der Veranstaltungen einholen und Studierende über Multiple Choice-Fragen direkt einbinden. Die Ergebnisse sind für die Dozierenden direkt einsehbar und ermöglichen ihnen, sofort angemessen zu reagieren.

Natürlich ändert sich das Lernen der Studierenden, die jetzt die digitalen Skripte erhalten. Ob sie diese immer so gewissenhaft durcharbeiten, ist teilweise fraglich. Ich habe leider feststellen müssen, dass die Studierenden aufgrund der verfügbaren, digitalen Skripte das intensive Mitdenken und Nacharbeiten vermissen ließen.

Zusammenfassend lassen meine Erfahrungen mit den Folgen der Digitalisierung den Schluss zu, dass die verschwiegenen ökonomischen Interessen und die inhumanen Prinzipien dieser Umwälzungen überhaupt nicht mehr diskutiert und in Frage gestellt werden dürfen. Die Welt hat sich, technologisch bedingt, radikal gewandelt und das in allen Bereichen. Neben den vielen Vorteilen sollten wir die Probleme, welche die Digitalisierung mit sich bringt, nicht verdrängen. Jedoch ein Sachverhalt ist klar, wir können uns der „Digitalen Welt" nicht verschließen, sondern müssen in ihr sinnvoll arbeiten und leben.

Schlussbetrachtung und Zusammenfassung

In Deutschland gibt es viele, über lange Jahrhunderte hinweg an den Universitäten erprobte und demokratisch legitimierte oder angeordnete, aber zumindest begründete Studiengänge. Sie waren oft heftig umkämpft und wurden nicht immer im Konsens beschlossen. Ich erinnere mich noch sehr gut daran, wie ich als Vertreter der Studierenden den Kampf für die heute längst nicht mehr aktuelle Drittelparität führte. Es war durchaus nicht immer konfliktfrei.

Die uns international aufgezwungenen Bachelor-Master-Strukturen lösen in Deutschland eine vollkommen neue Studienreformdebatte aus, mit der ich mich kritisch auseinandergesetzt habe. Bei meinen Recherchen zu diesem Thema konnte ich wiederholt Aussagen finden, wie: Die Bachelor- oder Masterstudierenden seien gestresst und überarbeitet; oder: Nach einem Bachelorstudium kann der Weg in die Arbeitslosigkeit führen.

Des Weiteren habe ich das Anliegen von Bachelor und Master unter die Lupe genommen. Natürlich ist der Wunsch nach international vereinheitlichten Hochschulabschlüssen zu verstehen, damit der Vergleich der Absolventen miteinander besser erfolgen kann oder auch die Möglichkeit geschaffen wird, nach einem Bachelorstudium bereits einen berufsqualifizierenden Abschluss zu haben.

Hier zeigt jedoch die Realität, dass nur ein kleiner Teil aller Studierenden sich traut, nach einem Bachelorabschluss in den Arbeitsmarkt einzutreten. Vor dem Hintergrund von Studien, die den Übergang von der Hochschule in den Arbeitsmarkt untersuchten, sind diese Ängste eher unbegründet. Im Vergleich zu anderen suchen die Bachelor-Absolventen nicht länger nach einer Stelle, auch gibt es keine höhere Quote der Arbeitslosigkeit.[22] Nichtsdestotrotz sehen viele Studierende

22 Vgl. http://www.bildungsxperten.net/bildungschannels/studium/8-jahre-bachelor-und-master-hat-der-bologna-prozess-wirklich-veraendert (Zugriff: 19.11.2017).

selbst den Bachelor als unvollständiges Studium bzw. als minderwertigen Abschluss an.

Ungeachtet der Berufschancen mit neuen Studienabschlüssen machten die bundesweiten Bildungsstreiks im Jahr 2009 deutlich, dass die Umsetzung der Bachelor- und Masterreform an den hehren Zielen einer internationalen sowie nationalen Vergleichbarkeit und der Optimierung des Hochschulwesens vorbeigeht. Aus meiner Sicht sind die Bachelor- und Masterstudiengänge zu verschult und durch die Workloads in Form von ETCs zu stark durchorganisiert worden. Freiräume und Wahlmöglichkeiten sind selten vorhanden. Demzufolge stellt sich die Frage, ob das Studium noch als „beste Zeit des Lebens" angesehen werden kann.

Organisiert man das Studium über Module mit Studienleistungen und Abschlussprüfungen, dann gewinnt die Anwesenheitspflicht an Bedeutung. Meine Erfahrungen haben gezeigt, dass die strenge Anwesenheitspflicht von Studierendenseite kritisiert wird. Gleiches gilt für die hohe Prüfungslast in den neuen Studiengängen. Dieser Kritik kann ich mich nur anschließen. Denn der Alltag legt nahe, dass die Studierenden in kurzer Zeitabfolge Klausuren schreiben, Referate konzipieren, mündliche Prüfungen ablegen oder Hausarbeiten bzw. Portfolios schreiben müssen.

Für mich klingt die 40-Stunden-Woche, die als Zielvorgabe des Bologna-Prozesses anzusehen ist, nach Arbeitnehmerorientierung und steht weniger für ein freies Studium. Für die Bachelor- und Masterstudenten gilt: Pause machen ist nicht, sonst wird die Regelstudienzeit überschritten. Das kostet Geld und kann Berufschancen mindern.

Bei meiner Auseinandersetzung mit der neuen Studienreform war auch der Übergang in den Master ein Thema. Hier konnte festgestellt werden, dass dieser Übergang leider nicht immer reibungslos funktioniert. Mit der Annahme, dass der Bachelor in Deutschland einen „Regelabschluss" darstellt, sollen nur ein Drittel der Studierenden zu einem Masterstudium zugelassen werden.

Bei höheren Bachelorabsolventenzahlen spielen dann die Abschlussnoten eine Rolle, die sowohl über die Fächer hinweg als auch zwischen den einzelnen Hochschulstandorten stark variieren. Welch ein fatales Vorgehen, wenn die fehlende Objektivität bei der Notengebung nicht wegzudiskutieren ist. Aus Sicht der Studierenden müssen viele von ihnen ein Horrorszenario erleben, keinen Masterstudienplatz zu bekommen oder an ungewünschte Studienorte ziehen zu müssen.

An meiner Universität Potsdam habe ich erlebt, dass der Zugang zum Masterexamen, etwa in Biologie, für viele Studierende aufgrund der großen Nachfrage nicht möglich war. In manchen Sprach- und Geisteswissenschaften war es wohl ähnlich. Glücklicherweise haben wir das Lehramtsstudium in Potsdam so organisiert, dass alle Bachelorstudenten auch in die Masterphase eintreten können. Wenigstens diese Studierenden müssen diesbezüglich keine Ängste haben.

Für mich unerfreulich war die Erfahrung, dass durch die Bachelor- und Masterreform die Studierenden, zum Beispiel bei Ablehnungen oder bei nichterbrachten Prüfungsleistungen, zum Mittel der Klage mittels ihrer Anwälte greifen. Das heißt für uns Lehrende, alle Prüfungsleistungen umfangreich und in die Tiefe gehend zu dokumentieren.

> „Und doch: Die Umsetzung der neuen Studiengangstruktur ist nahezu komplett erreicht, rund 82 Prozent aller deutschen Studiengänge enden bereits mit Bachelor oder Master.
>
> Und die Bologna-Reform trägt neben den viel kritisierten Aspekten erste sichtbare Früchte: Die tatsächliche Studiendauer liegt heute weitaus näher an der durchschnittlichen Regelstudienzeit als vor der Studienreform.“[23]

23 http://www.bildungsxperten.net/bildungschannels/studium/8-jahre-bachelor-und-master-hat-der-bologna-prozess-wirklich-veraendert; (Zugriff: 19.11.2017).

Das unerbittliche Prüfungs(un)wesen verstärkt den Auslese- und Abschreckungseffekt, aber mit echter Bildung hat das wohl wenig zu tun. Dass dies jedoch zu Lasten vieler Studierender geht, offenbaren u.a. die zahlreichen Bildungsstreiks an immer mehr Studienstandorten, insbesondere in Deutschland.

Ob man das dann überhaupt noch „Studieren" nennen kann oder vielmehr „mechanisches Lernen", muss gefragt werden dürfen.

Bei einem Rückblick auf meine eigene Studienzeit war diese immer geprägt von dem Interesse der Studierenden an der Sache selbst. Ferner stand selbstverständlich immer auch das Ziel eines guten Examens mit entsprechenden Berufsperspektiven im Vordergrund.

Die Berufsaussichten waren früher für alle Abiturienten meines Jahrgangs mit Hochschulabschluss in hohem Maße ausgesprochen gut. Dementsprechend verwundert nicht, dass auf Klassentreffen die beruflichen Erfolgsgeschichten, von persönlichen Schicksalsschlägen abgesehen, von uns Abiturienten 1966 im Mittelpunkt standen.

Viele wurden Arzt, Jurist, Musiker, Unternehmer oder Lehrer oder gar Professor. Fast alle profitierten von der Schichtenzugehörigkeit ihrer Eltern. Nur wenigen gelang allerdings wirklich der Sprung über die sozialen Grenzen. Diese schichtenspezifische Selektion ist auch heute noch ein ungelöstes, besonderes deutsches soziales Problem!

Mit der Einführung der Bachelor- und Masterstudien wollten wir modern, international und zeitgemäß werden, holten uns aber unendlich viele neue, zum Teil unlösbare Probleme ins Haus. Dies alles einmal, über das Stammtischniveau hinausgehend, sorgfältig zu evaluieren, bleibt eine wichtige Aufgabe der Forschung.

Zusammenfassend habe ich meine Sicht auf die neuen Bachelor- und Masterstudiengänge aufgeschrieben und zur Diskussion gestellt. Ich bin mir bewusst, dass man bestimmte Dinge auch anders sehen kann.

Für alle weiteren Kommentare, Erfahrungsberichte und Anregungen bin ich ausgesprochen dankbar. Aber vor allem geht es mir um die beschriebene BILDUNG!

Ich will sie auf jeden Fall als wichtiges Anliegen bewahren. In einer Zeit, in der nahezu alles auf abrechenbares Gewinninteresse und Profitmaximierung reduziert wird, gerät so etwas wie „Bildung" leicht ins Abseits.

Anhang 1: Die historischen Wurzeln des Bachelorstudiengangs

„Wikipedia“ gilt mittlerweile als eine weitverbreitete lexikalische Enzyklopädie, wird aber in der Wissenschaft noch immer nicht als solide und zitierfähig anerkannt. Dennoch ziehe ich sie hier als praktische Informationsquelle dafür heran, um bequem einen umfassenden, nahezu vollständigen Überblick zu erstalten. Nicht jeder Quellenbezug ist geprüft, aber wahrscheinlich und praktisch.[24]

Wo kommt die in Universitäten die unübliche Bezeichnung „Bachelor“ für einen Studienabschluss eigentlich her?

Bakkalaureus oder Baccalaureus [m.] bzw. Bakkalaurea oder Baccalaurea [f.] ist ein akademischer Grad und üblicherweise der erste Abschluss eines gestuften Studiums an einer Hochschule oder eine staatliche Abschlussbezeichnung nach erfolgreichem Studium an einer Berufsakademie. Das Studium zum Bachelor hat regelmäßig eine Regelstudienzeit von drei bis vier Jahren.

In verschiedenen Ländern und Hochschulen sind die Bachelor-Studiengänge oft sehr unterschiedlich aufgebaut. Beispielsweise werden in den angelsächsischen Staaten USA, Großbritannien, Australien und Kanada dreijährige Bachelorstudiengänge (in den USA und Kanada auch *Basic* oder *Minors* genannt), vierjährige Studiengänge (in den USA und Kanada auch *Majors* genannt) und *hono(u)rs* Bachelor (auch *Bachelor (Honours)* genannt) angeboten.

Die Bezeichnung *Bachelor* leitet sich von dem mittellateinischen Kunstwort *baccalaureus* (zusammengezogen aus bacalis, -is, „beerenreich“ und laurus, i, f. „Lorbeer“, übersetzbar als „einer, der mit beerenreichem Lorbeer bekränzt ist“, was seit der Antike eine besondere Ehrung war, s. poeta laureatus) ab, mit dem im Mittelalter der Inhaber des untersten akademischen Grades bezeichnet wurde. Daneben wird an

24 https://de.wikipedia.org/wiki/Bachelor (Zugriff: 21.11.2017).

den Hochschulen im deutschen Sprachraum vereinzelt auch *Bakkalaureus* als Alternativbezeichnung verwendet.

Baccalaureus darf nicht mit dem Wort *baccalaureatus* verwechselt werden (hergeleitet von baculum, „Stab“ bzw. „Augurenstab“ und aureatus, „vergoldet“, übersetzbar als „vergoldetes Zepter“), das in einigen Ländern den ein- bis zweijährigen postgradualen akademischen Grad *Bachelor with Honours* (*Baccalaureatus Cum Honore*) bezeichnet.

In der Ausgabe Wahrig, *Großes deutsches Wörterbuch* von 1967:

Bak-ka|lau-re'at *unterster akadem. Grad* (in England, Frankreich u. den USA) [zu *Bakkalaureus*] ~ lau-re-us <m.; Gen. ~; Pl. -rei [re:i]> *Inhaber des Bakkalaureats* [< mittellateinisch *baccalarius* „Ritter, der einem anderen untergeordnet ist, Knappe“, dann „Inhaber der dem Doktorgrad untergeordneten akadem. Würde“; beeinflußt von lat. *laurea* „Lorbeer“]

Bakkalaureus lässt sich aus der im Mittelalter gebräuchlichen Bezeichnung *Baccalaria* herleiten, die im späten Mittelalter ein „kleines Lehngrundstück“ bezeichnete.

Daher war die ursprüngliche Schreibweise auch *baccalarius*, hatte also mit lat. *aureus* „golden“ oder *laureus* „Lorbeer“ nichts zu tun. Das Wort bezeichnete zunächst einen jungen Geistlichen, der Anwärter werden wollte. Erst später wurde der erste akademische Grad darunter verstanden, da der Baccalarius nicht ohne Aufsicht des Magisters lehren durfte. Die Abkürzung lautete allgemein *bacc. art.* Später wurde *baccalarius* dann zu *baccalaureus* verballhornt.

Im Folgenden wurde ein junger Vasall ohne Lehen, ein Edelknecht oder auch ein niederer Kleriker darunter verstanden. Das französische *bachelier* leitet sich möglicherweise ab von *bas chevalier* „niederer Ritter“. Im Angelsächsischen spricht man vom *bachelor*, im deutschen vom *Bakkalaureus*. Die Form Bakkalaureus aus *Baccalar* und lateinisch *laureus* („Lorbeer“) ist eine Wortschöpfung aufgrund etymologischer Fehldeutung aus späterer Zeit, die sich jedoch durchgesetzt hat. Das ist beispielsweise an dem französische *baccalauréat* (Abitur bzw. Matura) zu erkennen.

Der Bakkalaureus ist seit dem 13. Jahrhundert der erste zu erwerbende akademische Grad, der zuerst an der Pariser Sorbonne verliehen wurde.

Der Scholar der mittelalterlichen Universität erwarb diesen Titel ursprünglich nach Abschluss des Triviums (Grammatik, Dialektik, Rhetorik) der Artistenfakultät erworben (*baccalarius artium*). Danach war der Absolvent mit dem Wechsel ins Quadrivium befähigt, Hilfslehrer für Scholaren des Triviums zu werden. Nach weiterem Studium des Quadriviums schloss der Baccalarius die Fakultät der Artisten (nachdem er also sämtliche artes liberales „gemeistert" hatte) mit dem Grad des *magister artium* ab und konnte in eine höhere Fakultät als *magister non regens* eintreten oder als *magister regens* an der Artistenfakultät (für die baccaularii des Quadriviums) selbst lehren.

Im Gebiet des Deutschen Bundes verschwand der akademische Grad des (zu diesem Zeitpunkt längst so genannten) Bakkalaureus um 1820, da die Matura bzw. das sogenannte Abitur nun dessen Zweck erfüllte. Nach wie vor heute heißt die Hochschulreife im frankophonen Sprachraum *baccalauréat*, in Spanien und Lateinamerika *bachillerato*, in Italien maturitá und in Ost- wie Südosteuropa dagegen ein Matura entsprechender Ausdruck.

Um 1930 gab es noch an einigen Universitäten den *baccalaureus juris* (bacc. jur.) als Vorstufe für den Doktorgrad.

Die Gestalt eines Bakkalaureus erscheint auch in der Literatur, so in Johann Wolfgang von Goethes Faust II (Vers 6689 ff.). Der Bakkalaureus ist offensichtlich identisch mit dem Schüler aus Faust I (Vers 1868 ff.); er hat nun sein Examen gemacht und tritt Mephistopheles abermals gegenüber. Er symbolisiert einerseits die Originalgenies des Sturm und Drangs, andererseits die in Burschenschaft und Wartburgfest hervorgetretene Studentenbewegung nach den Befreiungskriegen, in der Goethe in mancher Hinsicht eine Wiederholung des Sturm und Drangs erblickte. Goethe sieht die jungen Studenten mit einer Mischung aus Sympathie und Geringschätzung.

Bachelor-Abschluss in Europa

Grundkonzept

Der Bachelor ist der erste akademische Grad und berufsqualifizierende Abschluss eines mehrstufigen Studienmodells. Die für angemessen erachtete, für Unterstützungsleistungen wie BAföG verbindliche und missverständlich als Regelstudienzeit bezeichnete Studiendauer beträgt mindestens drei und höchstens vier Jahre.

Nach dem European Credit Transfer System (ECTS) sind durchschnittlich 30 Leistungspunkte (LP, *credit points*) pro Semester zu erwerben. Bei einem Bachelor-Studium von sechs Semestern ergeben sich so 180 LP, bei sieben Semestern 210 LP und bei acht Semestern 240 LP. Es existieren auch Intensivstudiengänge, bei denen in sechs Semestern 210 LP vergeben werden, wie beispielsweise an einer Dualen Hochschule.

Ein Punkt entspricht einer Arbeitsbelastung des jeweiligen Studenten von 30 Stunden, mindestens jedoch 25 Stunden. Die deutsche Hochschulrektorenkonferenz (HRK) beschloss die Empfehlung, stets für 30 Stunden einen Leistungspunkt zu vergeben. Damit ergibt sich bei 30 Leistungspunkten pro Semester eine rechnerische Arbeitsbelastung von knapp 40 Stunden in der Woche (bei sechs Wochen Urlaub im Jahr). Zu der Arbeitsbelastung zählt die gesamte Zeit, die vom Studenten für das Studium aufgewendet werden muss (also z. B. die Zeit für Vorlesungen, Seminare und Prüfungen sowie die Zeit für deren Vor- und Nachbereitung).

Einige Bachelor-Studiengänge beschränken sich auf ein einzelnes Fach (sogenannte *Ein-Fach-Bachelorstudien*). Zahlreiche Hochschulen bieten jedoch Bachelor-Studiengänge an, bei denen gleichzeitig mehrere Studienfächer belegt werden. So besteht häufig die Möglichkeit, ein sogenanntes *Zwei-Fach-Bachelorstudium* (bestehend aus zwei Hauptfächern) zu absolvieren. Sollten die Absolventen schon vor oder während des Bachelor-Studiums einen Master of Education für Gymnasien und Gesamtschulen bzw. Berufskollegs anstreben (ehemals Lehramt für die Sekundarstufe II), bildet diese Art des Bachelors die Grundvoraussetzung. Jedoch kann auch ein fachwissenschaftlich ausgerichteter Master in beiden Fächern angeschlossen werden. Ebenso existieren zahlreiche Bachelorstudien, die ein Hauptfach mit einem oder mehreren Nebenfächern kombinieren. In der Schweiz werden die Hauptfächer auch Major und die Nebenfächer Minor genannt. Diese Bezeichnungen sind nicht mit den gleichnamigen Bachelorvarianten im angloamerikanischen Raum zu verwechseln.

Modulstruktur

Die Lehrveranstaltungen in Bachelor-Studiengängen sind durch Module strukturiert. Ein Modul fasst eine oder mehrere Lehrveranstaltungen mit einem Lernziel zusammen und ist die Einheit, für die Leistungspunkte vergeben werden. Durch den Bachelor-Abschluss wird die Vereinheitlichung der Studienabschlüsse in Europa und damit eine bessere internationale Vergleichbarkeit angestrebt.

Die dafür im Rahmen des Bologna-Prozesses von den Ländern entwickelten detaillierten Vorgaben sollen (in Deutschland) insbesondere durch die Akkreditierung gewährleistet werden, die von speziellen Agenturen vorgenommen wird. Diese externe Prüfung der Studiengänge soll sowohl die formale Kompatibilität zum Bachelor-System als auch die Qualität der Lehre, des Lehrkörpers und der Studieninhalte sicherstellen. Bei den Akkreditierungsagenturen handelt es sich um Vereine, die wiederum vom zentralen Akkreditierungsrat akkreditiert werden. Die nicht in allen Bundesländern gesetzlich vorgeschriebene Akkreditierung läuft oft erst nach Einführung eines neuen Studiengangs an. Das führt häufig zu der Kritik, dass die ersten Jahrgänge eines Bachelors Versuchskaninchen seien, da der Ausgang des Akkreditierungsverfahrens ungewiss ist.

Abschluss und mögliche Umorientierung

Mit dem Bachelor erwirbt der Student einen ersten offiziell als berufsqualifizierend betrachteten Hochschulabschluss. Der Bachelor-Abschluss, auch der der Fachhochschule, ist außerdem Qualifikationsnachweis für ein anschließendes Masterstudium, auch für einen Wechsel von der Fachhochschule zur Universität, wobei in diesem Falle weitere Qualifikationen erworben werden müssen. Durch das Masterstudium kann entweder das Studienfach des Bachelorstudiums fortgeführt und vertieft bzw. im fachlichen Zusammenhang fachübergreifend erweitert werden („konsekutiv") oder eine fachliche Umorientierung erfolgen mit dem Wechsel in einen Masterstudiengang, der nicht auf das bisherige Studium aufbaut.

Studium und Beruf

Ziel der Einführung eines Bachelor-Abschlusses in Europa war neben der Vereinheitlichung innerhalb der EU und einer kürzeren Studiendauer auch ein stärkerer Praxisbezug des Studiums. Da in den Geistes- und Sozialwissenschaften die möglichen Berufsfelder oft nicht klar abgegrenzt werden können, werden in der Regel zwei oder drei Fächer studiert und um Inhalte aus dem Bereich *General Studies* ergänzt. In den natur-, ingenieur- und wirtschaftswissenschaftlichen Fächern wird meist schon zu Beginn ein einzelnes Fach gewählt.

Europäischer und Deutscher Qualifikationsrahmen EQR/DQR

Am 31. Januar 2012 wurde im Rahmen der Erstellung des Europäischen und deutschen Qualifikationsrahmen EQR/DQR der Bachelor auf der Stufe 6 von 8 eingeordnet. Damit stehen die Abschlüsse Bachelor, Staatlich geprüfter Techniker und Meister auf der gleichen Stufe.

Zu diesem Sachverhalt veröffentlichte der Verein Deutscher Ingenieure ein Positionspapier, das herausstellt, dass die Abschlüsse Bachelor, Techniker und Meister dem gleichen Kompetenzniveau entsprächen, jedoch nicht *gleichartig* seien. Die Kompetenzen von Bachelorabsolventen, staatlich geprüften Technikern und Meister unterscheiden sich laut VDI erheblich. Nach Angaben des VDI dürfe die Einstufung von Bachelor, Techniker und Meister keinesfalls so missverstanden werden, dass sie die gleichen Tätigkeiten ausführen könnte.

Baccalaureus- und Bachelor-Abschlüsse in Deutschland

Im Jahr 2003 definierte die Kultusministerkonferenz (KMK) in ihren Strukturvorgaben den Bachelor wie folgt:

> „In einem System gestufter Studiengänge stellt der Bachelorabschluss als erster berufsqualifizierender Abschluss den Regelabschluss dar und führt damit für die Mehrzahl der Studierenden zu einer ersten Berufseinmündung."

Abschlussbezeichnungen

Die Wirtschafts- und Sozialwissenschaftliche Fakultät der Universität Augsburg war die erste universitäre Einrichtung der Bundesrepublik Deutschland, die in den 1990er Jahren im Rahmen der in den drei Studienrichtungen Betriebswirtschaftslehre, Ökonomie und Sozioökonomie identischen Diplomvorprüfungen jeweils einen akademischen Bakkalaureatsgrad verliehen hatte, lange bevor Bachelor- und Masterstudiengänge Einzug in die deutsche Hochschullandschaft hielten. Die Bezeichnung dieser wirtschafts- und sozialwissenschaftlichen akademischen Erstausbildung lautete:

- Baccalaurea/-us Oeconomiae (bac.oec.)

Absolventen der Wirtschafts- und Sozialwissenschaften

Die KMK legte in den Strukturvorgaben aus dem Jahr 2003 fest, dass in Deutschland folgende Abschlussbezeichnungen zu verwenden sind:

- Bachelor of Arts (B.A.)
  Absolventen der Sozial-, Sprach-, Kultur-, Religion-, Informations- und Wirtschaftswissenschaften
  sowie in einigen Bereichen der Theologie wie z.B. der Religionspädagogik
- Bachelor of Science (B.Sc.)
  Absolventen der MINT-Fächer (Mathematik, Informatik, Natur- und Technik- bzw. Ingenieurwissenschaften), Wirtschaftswissenschaften und Psychologie
- Bachelor of Laws (LL.B.)
  Absolventen der Rechtswissenschaften
- Bachelor of Education (B.Ed.)
  Absolventen des Lehramtsstudiums
- Bachelor of Engineering (B.Eng.)
  Absolventen der Ingenieurwissenschaften

An Kunst- und Musikhochschulen kommen außer dem Bachelor of Arts folgende Abschlussbezeichnungen dazu:

- Bachelor of Fine Arts (B.F.A.)
  Absolventen der Studiengänge zur (bildenden) Kunst
- Bachelor of Music (B.Mus.)
  Absolventen musischer Studiengänge
- Bachelor of Musical Arts (B.M.A.)
  Operngesang

Die Abkürzungen werden häufig mit Punkten geschrieben, aber insbesondere beim „BA" können sie auch wie beim früheren Magister Artium („MA") entfallen.

Die Hochschule kann die Abschlussbezeichnungen auch in zulässigen Formen deutscher Sprache verleihen (z. B.: *Bakkalaureus der Wissenschaften*). Gemischtsprachige Bezeichnungen sind jedoch ausgeschlossen. Der Absolvent muss die

Abschlussbezeichnung so führen, wie sie verliehen wurde, und darf nicht eigenmächtig eine andere Sprache wählen. Gemäß DIN 5008 wird die Bezeichnung in der Korrespondenz hinter dem Namen geschrieben, beispielsweise *Erika Mustermann, B.A.*

Der Bachelor-Grad darf nicht um einen fachlichen Zusatz oder einen Hinweis auf die Art der Bildungseinrichtung ergänzt werden, die den Bachelor-Grad verliehen hat (z. B.: *(FH)* oder *(Univ.)*). Der Grund dafür ist, dass es keine für die Hochschulart spezifisch unterschiedlichen Vorgaben (z. B. Dauer des Studiums) gibt und alle Hochschulen denselben Akkreditierungsanforderungen unterliegen. Detaillierte Information zum jeweiligen Studiengang gehen aus der Bachelor-Urkunde, dem Bachelor-Zeugnis und dem Diploma Supplement hervor. Für ihre Ingenieursstudiengänge verleihen Universitäten aus ihrem akademischen Anspruch heraus zur Differenzierung allein *Science*-Abschlüsse, während Fachhochschulen zumeist *Engineering*, aber auch *Science*-Abschlüsse vergeben. Vergleichbares gilt für den Bachelor of Education, für den kein Berufsbild existiert.

In ihren Strukturvorgaben von 1999 hatte die KMK noch eine Unterscheidung zwischen stärker theorieorientierten (B.A. sowie B.Sc.) und stärker anwendungsorientierten (unter anderem BBA, Bachelor of Computer Science (BCompSc), BEng, Bachelor of Public Administration (BPA)) Gradbezeichnungen festgelegt, die so seit dem Beschluss 2003 nicht mehr existent ist. Fachliche Zusätze sind infolgedessen ebenfalls nicht mehr erlaubt (beispielsweise *Bachelor of Arts in Economics*). Die Umstellung der Gradbezeichnungen in bereits bestehenden Studiengängen erfolgt gegebenenfalls im Rahmen der Akkreditierung und Reakkreditierung.

Bachelor-Abschlüsse von Berufsakademien

In der Bundesrepublik Deutschland kann der Bachelor-Abschluss auch an Berufsakademien erworben werden. Die Absolventen erhalten eine staatliche Abschlussbezeichnung anstelle eines akademischen Grades. Bei einem Weiterstudium entscheidet die jeweilige Hochschule anhand zusätzlicher Prüfungskriterien, ob der Berufsakademie-Absolvent zu einem Masterstudiengang zugelassen werden kann. Mit einem Bachelor-Abschluss an einer Hochschule (Universität oder Fachhochschule) kann dagegen auf jeden Fall ein Master-Studium angeschlossen werden. In Baden-Württemberg wurden die Berufsakademien im März 2009 durch die Duale Hochschule Baden-Württemberg abgelöst. Da diese nun den Status einer Hochschule haben, erhalten seitdem auch alle Absolventen einen akademischen Abschluss.

Vergleich mit traditionellen Abschlüssen

Die meisten Bachelor-Abschlussvarianten verleihen grundsätzlich dieselben Berechtigungen wie Diplomabschlüsse an Fachhochschulen. Die KMK hat im Jahr 1999 noch explizit festgehalten, dass das Diplom (FH) dem an ausländischen Colleges verbreiteten drei- bis vierjährigen *honors Bachelor* entspricht. Diese Bachelor-Variante ist nicht zu verwechseln mit dem selteneren nordamerikanischen vier- bis fünfjährigen universitären *Bachelor with Honours* (wissenschaftliches Diplomstudium), der ein zusätzliches postgraduales Jahr und eine Diplomarbeit verlangt und direkt zum Ph.D.-Studium berechtigt, ohne vorher einen Master absolviert zu haben, und somit dem traditionellen Diplom/Magister entspricht (vgl. unten). Während generell der Bachelor als erster berufsqualifizierender Abschluss gelten soll, reicht er in Studiengängen, an deren Ende bislang Staatsexamina standen, allein nicht aus. Mit dem notwendigen anschließenden Master zusammen ergibt sich teilweise eine längere Studiendauer als bisher.

Da jedoch ein wesentlicher Teil des Bologna-Prozesses die Einführung eines mehrstufigen Abschlusssystems ist, das sich grundlegend von der früher gebräuchlichen Einteilung in Grund- und Hauptstudium unterscheidet, ist ein Vergleich mit traditionellen Abschlüssen oft nicht möglich.

Die strukturellen Unterschiede zum bisherigen System können nicht erfasst werden, sodass die in der Öffentlichkeit wahrgenommene Wertigkeit des neuen Abschlusses stark variiert und von einer Gleichsetzung mit dem Bestehen des Vordiploms bis hin zum Diplom reicht.

<table>
<tr><th colspan="2">1. Jahr</th><th colspan="2">2. Jahr</th><th colspan="2">3. Jahr</th><th colspan="2">4. Jahr</th><th colspan="2">5. Jahr</th></tr>
<tr><td colspan="6">Bachelor ⇨
6 Semester / 180 ECTS-Leistungspunkte
(häufigste Variante)</td><td colspan="4">konsekutiver Master
4 Semester /120
ECTS-Leistungspunkte</td></tr>
<tr><td colspan="7">Bachelor ⇨
7 Semester / 210 ECTS-Leistungspunkte
(seltenere Variante)</td><td colspan="3">kons. Master
3 Semester / 90
ECTS-Leistungs-
punkte</td></tr>
<tr><td colspan="8">Bachelor ⇨
8 Semester / 240 ECTS-Leistungspunkte
(seltene Variante)</td><td colspan="2">kons. Master
2 Sem./ 60
ECTS-Leis-
tungspunkte</td></tr>
<tr><td colspan="4">Vordiplom ⇨</td><td colspan="6">Diplom
ca. 8–10 Semester</td></tr>
</table>

Die Abbildung zeigt einige mögliche Kombinationen von Regelstudienzeiten für *konsekutive* Bachelor- und Masterstudiengänge und stellt sie dem traditionellen Diplom gegenüber.

Promotion ohne Master

Einem Vorschlag der Hochschulrektorenkonferenz (HRK) folgend soll besonders guten Bachelor-Absolventen eine Promotion ohne vorherigen Masterabschluss ermöglicht werden. Der Deutsche Hochschulverband als Vertretung der Hochschullehrer steht dieser Möglichkeit aber ablehnend gegenüber. Die Möglichkeit, in Deutschland nach erfolgreichem Abschluss eines Bachelorstudiums eine Promotion aufzunehmen, ist bislang in den Hochschulgesetzen nicht vorgesehen. Jedoch gibt es Gespräche über eine weiterführende Entwicklung in dieser Hinsicht.

Bachelor-Abschluss an „Business Schools"

Bereits vor dem Bologna-Prozess etablierten sich auch in Deutschland einige meist private „Business-Schools", also Wirtschafts-(Hoch-)Schulen, die einen Bachelor-Abschluss nach angelsächsischem Vorbild anboten. Die fehlende staatliche Anerkennung dieser Abschlüsse nach dem deutschen Hochschulrecht umgingen die „Business-Schools" durch Partnerschaften mit US-amerikanischen und englischen Universitäten, die es den Absolventen ermöglichten, mit integrierten Auslandsstudien den nach dem jeweiligen Hochschulrecht anerkannten Hochschulabschluss der Partneruniversität zu erlangen. Einige dieser früheren „Business-Schools" sind heute auch in Deutschland als Hochschule staatlich anerkannt.

Kritik

Nach einer Studie des Hochschul-Informations-Systems bricht in Universitäten heute jeder vierte Bachelor-Student sein Studium ab, in Fachhochschulen sogar jeder dritte. Die Abbrecherquote in den Ingenieurwissenschaften ist in den neuen Bachelor-Studiengängen erheblich höher als in den früheren Diplom-Studiengängen.

Das wird darauf zurückgeführt, dass die Umstellung der ingenieurwissenschaftlichen Studiengänge von Diplom- zu Bachelor-Abschluss häufig zwar mit einer zeitlichen Straffung verbunden ist, nicht jedoch mit einer entsprechenden Kürzung des Lernstoffes, woraus sich notwendigerweise eine Stoffverdichtung ergibt.

Bei Bachelor-Studiengängen in Sozial-, Sprach- und Kulturwissenschaften sowie in Agrar-, Forst- und Ernährungswissenschaften ist die Abbrecherquote ebenfalls auf hohem Niveau, jedoch niedriger als bei vorherigen Diplom- und Magisterstudiengängen.

Probleme resultieren auch aus dem Umstand, dass bei der Umsetzung des Bologna-Prozesses in Deutschland zwar der angelsächsische Studienaufbau, nicht aber das angelsächsische Tutorensystem übernommen wurde.

Auch viele Studenten beurteilen den Bachelor-Abschluss kritisch, wie eine Befragung unter Studenten aus dem Mai 2013 ergab. Nur 9 % streben demnach den Bachelor als höchsten akademischen Abschluss an. Der Großteil sieht ihn als Station auf dem Weg zu einer höheren Qualifikation, wie dem Master. 33 % der Bachelor-Studierenden gaben an, sich fachlich nicht ausreichend vorbereitet zu fühlen. Am häufigsten forderten Studierende einen stärkeren Praxisbezug.

Im Fach Psychologie berechtigt der Bachelor-Abschluss nicht zu einer therapeutischen Zusatzausbildung; es stehen jedoch oft nicht genügend Master-Studienplätze für alle Interessenten zur Verfügung.

Bachelor-Abschluss in Österreich

In Österreich wurde der Bachelor-Abschluss bis Mai 2007 *Bakkalaureat* genannt, der Absolvent war der *Bakkalaureus* bzw. die *Bakkalaurea* (beide abgekürzt *Bakk.*). In gestuften Studiengängen, die ab Beginn des Wintersemesters 2006/2007 eingerichtet werden, wird künftig der *Bachelor* anstelle des Bakkalaureus verliehen (Novelle des Universitäts-Studiengesetzes Bakkalaureat-Studiengänge können allerdings auch weiterhin mit dem Bakkalaureusgrad abgeschlossen werden.

Gemäß § 54 Universitätsgesetz 2002 müssen Bachelor-Studien einen Arbeitsaufwand von 180 ECTS-Leistungspunkten umfassen.

Abschlussbezeichnungen nach dem heutigen Bachelor-System (B.)

In Österreich werden *unter anderem* folgende Abschlussbezeichnungen verwendet:

- *Bachelor* (*BA*) für das individuelle Bachelorstudium (gemäß § 55 UG)
- *Bachelor of Arts* (*B.A.* oder *BA*)

- *Bachelor of Science* (*B.Sc.* oder *BSc*)
- *Bachelor of Laws* (*LL.B.*)
- *Bachelor of Education* (*B.Ed.*)
- *Bachelor of Engineering* (*B.Eng.*)
- *Bachelor der Statistik* (*B.Stat.*)
- *Bachelor of Science in Engineering* (*B.Sc.* oder *BSc*)
- *Bachelor of Theology* (*BTh*)
- *Bachelor of Philosophy* (*B.phil.*)
- *Bachelor of Science in Nursing* (*BScN*)

Bakkalaureatsgrade bis 2007 (Bakk.)

Die Bakkalaureatsgrade in Österreich waren:
- *Bakkalaureus/-a der Künste.* (*Bakk. art.*)
- *Bakkalaureus/-a der Naturwissenschaften.* (*Bakk. rer. nat.*)
- *Bakkalaureus/-a der Sozial- und Wirtschaftswissenschaften.* (*Bakk. rer. soc. oec.*)
- *Bakkalaureus/-a der Philosophie.* (*Bakk. phil.*)
- *Bakkalaureus/-a der technischen Wissenschaften.* (*Bakk. techn.*)
- *Bakkalaureus/-a der Kommunikationswissenschaft.* (*Bakk. komm.*)

Diese Grade werden hinter dem Namen geführt.

Bachelor-Abschluss in anderen europäischen Staaten

Belgien

In Belgien ist mit *bachelier* wiederum der akademische Bachelor-Grad bezeichnet (dieser Titel löst das alte *Baccalauréat* ab).

Frankreich

In Frankreich wird der Abschluss als *licence* bezeichnet. Der englische Name birgt dort eine Verwechslungsgefahr mit dem *baccalauréat*, das dem Abitur oder der Matura entspricht;

außerdem ist *licence* der eingebürgerte Begriff für einen universitären Abschluss mit „bac+3"-Niveau (ein Abschluss, der drei Jahre nach dem Abitur erworben wird, also nach dreijähriger Studienzeit).

Italien

In Italien heißt der Bachelor-Abschluss *Laurea di 1° livello.*

Polen

In Polen heißt der akademische Grad auf Bachelorniveau *licencjat*. Er kann nach drei Studienjahren erworben werden.

Schweden

In Schweden bestanden Studiengänge auf Bachelor-Ebene bereits vor Beginn des Bologna-Prozesses, siehe *Kandidatexamen.*

Spanien

Das Pendant des *Bachelor* in Spanien nennt sich *Título de grado*, da auch hier ähnlich wie in Frankreich das Bakkalaureat *(Bachillerato)* bereits als Name für den Abschluss der weiterführenden Schule existierte.

Vereinigtes Königreich

Im Vereinigten Königreich ist der Bachelor traditionell der übliche für einen akademischen Beruf qualifizierende Abschluss. Ganz überwiegend dauert das Studium bis zum Bachelor drei bis vier Jahre, ist stark strukturiert und fachlich spezialisiert. Vierjährige Bachelorstudiengänge werden fast ausnahmslos in anwendungsnahen Fächern angeboten, im Curriculum dieser sogenannten „sandwich courses" ist ein Praxisjahr vorgesehen.

Einen Sonderfall stellen die Universitäten Oxford, Cambridge sowie das am britischen Vorbild orientierte Dublin dar, wo der Abschluss eines Bachelor of Arts (BA), welcher einen dreijährigen Bachelor-Abschluss darstellt, nach Ablauf einer Wartezeit ohne weitere akademische Leistungen oder Prüfungen zu einem Master of Arts (MA) umgewandelt wird. Dabei handelt es sich jedoch nur um eine terminologische Besonderheit ohne Unterschied in der Sache, daher wird dieser Abschluss bei Bewerbungen auf Arbeitsplätze und andere Studiengänge wie ein Bachelor behandelt. Darüber hinaus gibt es an diesen Universitäten auch „echte" (das heißt, einen vorherigen Bachelor voraussetzende) Master-Programme, die dann zu Abschlüssen wie etwa Master of Science führen und daher terminologisch von einem umgewandelten Bachelor unterschieden werden. Insgesamt schließen in Großbritannien nur 12 Prozent der Bachelorabsolventen direkt ein Masterstudium an. Das Masterstudium selbst kann berufsqualifizierend sein, alternativ können sich Absolventen für einen sogenannten „research master" entscheiden.

Im geschichtlichen Rückblick betrachtet, wurde 1918 im Vereinigten Königreich Großbritannien und Irland das akademische System *honours* eingeführt und in der Folge von zahlreichen anderen Commonwealth-Staaten übernommen. Der Bachelor-Abschluss unterhalb der Leistungsbeurteilung third class honours wird auch *non-honours pass* (d. h. schlechteste Leistung) bezeichnet.

Da aber nur eine kleine Minderheit der Studierenden ihren Bachelor als non-honours pass abschließt, findet sich im Schriftverkehr hinter der Abkürzung des akademischen Grades sehr häufig „(Hon)" oder „(Hons)" als Hinweis darauf, dass eine der vier obigen Honours-Auszeichnungen gemeint ist. Ein „Honours Bachelor" darf nicht mit dem akademischen Grad *Bachelor with Honours* oder *Bachelor (Honours)* verwechselt werden, der in Australien, Kanada, Neuseeland und Südafrika an Studierende verliehen wird, die ein konsekutives post-bachelor Diplomstudium (Thesis) mit einer Studiendauer von ein bis zwei Jahren abschlossen.

Der *Bachelor of Divinity (Hons)* der schottischen Universitäten St. Andrews, Aberdeen, Glasgow und Edinburgh entspricht einem Masters-Abschluss.

Bachelor-Abschluss in Nordamerika

Kanada

In Kanada erreicht man entweder den Bachelor-Abschluss („Minor"/„General") nach Absolvierung eines Studienlehrgangs mit einer Studiendauer von drei Jahren an einem College oder seltener an einer University, oder den universitären *Major-*, *Specialization-* bzw. *Honours-Bachelor*-Abschluss mit einer Studiendauer von vier Jahren. Bachelorarbeiten werden „paper", „term paper" oder „essay" genannt und sind nicht in allen Studiengängen üblich. Selten wird auch der traditionelle konsekutive *Bachelor with Honours*-Abschluss (Baccalaureatus Cum Honore degree) angeboten, der nach einem vorangegangenen Bachelor-Abschluss derselben Fachrichtung erreicht wird, mit einer Studiendauer von ein bis zwei Jahren an einer Universität. Er wird durch Absolvierung von Kursen und durch Verfassen einer längeren wissenschaftlichen Diplomarbeit (*honours seminar thesis*) erreicht. Der Baccalaureatus Cum Honore ist Zulassungsvoraussetzung für zwei- bis dreijährige *very high research*-Master-Studiengänge oder für einfache Ph.-D.-Studiengänge: Dieses Schulmodell wurde, ähnlich dem traditionellen Magister/Diplom in Deutschland oder dem „postgraduate" Bachelor with Honours in Australien, zunehmend zum Auslaufmodell und ist zwischenzeitlich weitgehend durch kürzere konsekutive Master-Varianten ersetzt worden.

Vereinigte Staaten

Ein klassischer Collegeabschluss (Bachelor) in den Vereinigten Staaten soll neben einer beruflichen Qualifizierung auch demokratische und bürgerschaftliche Bildung vermitteln. Das Studium dauert vier Jahre, wobei die ersten eineinhalb Jahre häufig fachlich sehr breit angelegt sind (general studies). Deswegen erfolgt die Spezialisierung auf das eigentliche Hauptfach oft erst in der Mitte oder am Ende des zweiten Studienjahres. Ein Bachelor-Abschluss in den USA bedeutet traditionell weniger fachspezifische Festlegung als in Europa. Durchlässigkeiten sowohl zwischen den Disziplinen als auch zwischen Wissenschaft und Praxis sind größer. Masterstudiengänge sind wissenschaftlich orientiert und in der Regel auf zwei Jahre angelegt, sie werden in Graduate Schools der Universitäten organisiert.

Bachelor-Abschluss im Commonwealth

Allgemein

In Australien, Kanada, Neuseeland und Südafrika kann nach dem regulären Bachelor bei guten bis sehr guten Leistungen („*Upper Second Class Honours*“; „*First Class Honours*“) oder bei hervorragenden Leistungen (*First Class Honours and the University Medal*) das Studium des *Bachelor with Honours* oder *Bachelor (Honours)* aufgenommen werden. Dieses zumindest zweisemestrige Vollzeitstudium verlangt Kurse, eine längere wissenschaftliche Diplomarbeit (Thesis) von 20.000 Wörtern und eine Abschlussprüfung. Es kann auch als erstes Jahr des Masters anerkannt werden. Ein guter Abschluss ermöglicht ein längeres forschungsintensives Master-Studium an einer Spitzenforschungsinstitution, und er berechtigt direkt zur Promotion.

Honours Degree (Auszeichnung)

1918 wurde in UK die Bezeichnung *Honours* in das akademische System aufgenommen und verbreitet, welches bis heute mit den Notenbewertungsvarianten *first class honours degree, second class honours degree, third class honours degree* und, für entsprechend schwache Studienleistung, *pass degree* Anwendung findet. Somit sind die weitaus meisten Bachelor-Abschlüsse in Großbritannien sogenannte Honours Bachelor-Abschlüsse. Das System wurde von vielen Commonwealth-Staaten übernommen. Vielerorts werden deshalb die Bachelor-Studiengänge auch mit diesen Honours Degree-Varianten bezeichnet bzw. angeboten.

Der Honours Bachelor ist kein akademischer Grad, sondern die Bezeichnung für einen Bachelor-Studiengang, der durch eine bestimmte Studienleistung mit entsprechender Note abgeschlossen werden kann (level of honours degree). Diesbezügliche Absolventen fügen deshalb hinter ihrer Bachelor-Abkürzung in Klammern oft *(Hon)* oder *(Hons)* an, um nicht den Eindruck zu erwecken, ihr Bachelor sei möglicherweise mit sehr schlechter Note abgeschlossen worden. Erreicht ein Studierender keine Honours-Auszeichnung (*Honours Degree*), so kann der Bachelor ohne diese Auszeichnung erworben werden (auch *Pass Degree* genannt).

Ein derartiger Honours Bachelor darf nicht mit dem seltenen akademischen Grad *Bachelor with Honours* oder *Bachelor (Honours)*, verwechselt werden, der in einigen Commonwealth-Staaten verliehen wird. Dieser wird in ein bis zwei Jahren nach einem Honours Bachelor-Abschluss erworben, vergleichbar den letzten zwei Regelstudiensemestern eines traditionellen europäischen Lizenziat-, Diplom- bzw. Magister-Studienganges.

Bachelor with Honours (akademischer Grad)

Der seltene konsekutive Bachelor with Honours (*baccalaureatus cum honore*) oder Bachelor (Honours) als akademischer Grad wird in Australien, Kanada, Neuseeland, Südafrika, dem Vereinigten Königreich und den USA von Universitäten verliehen. Zugangsvoraussetzung für ein Bachelor-with-Honours-Diplomstudium ist immer ein spezieller forschungsorientierter Honours-Bachelor- bzw. Bachelor-Abschluss mit sehr guter Note.

Die Regelstudienzeit für dieses Diplomstudium beträgt mindestens ein, höchstens zwei Jahre, je nachdem ob die Diplomarbeit im ersten oder im zweiten Studienjahr abgeschlossen wird. In der Regel darf bei diesem konsekutiven Studiengang (Bachelor + Baccalauretaus Cum Honore) die Gesamtregelstudienzeit fünf Jahre nicht überschreiten. Der Bachelor-with-Honours-Abschluss berechtigt direkt zum PhD-Studium und ist Voraussetzung für die Zulassung zu einem zwei- bis dreijährigen forschungsintensiven Master-Studiengang an einer internationalen Eliteuniversität. Die in Europa verliehenen traditionellen Lizenziat-, Diplom- und Magisterabschlüsse gelten in den meisten Commonwealth-Staaten als äquivalent zum akademischen Grad Bachelor with Honours.

Das Diplomstudium baut inhaltlich auf einem vorangegangen Bachelor-Studium auf. Die Systeme der aufgeführten Länder unterscheiden sich im Zeit- und Leistungsumfang. So dauert das Studium in Australien ein bis zwei Jahre und enthält eine längere schriftliche Forschungsarbeit von 20.000 Wörtern. In Neuseeland hingegen kann die Erstellung einer weniger umfangreichen Forschungsarbeit innerhalb des einjährigen Diplomstudiums innerhalb der Kursarbeit freiwillig erfolgen oder, je nach Voraussetzung, auch im Anschluss daran. Inhaltlich erfolgt im Honours-Studium auch hier eine vor allem wissenschaftlich ausgerichtete Vertiefung der bisherigen Bachelor-Studieninhalte. Alle Abschlüsse können als erstes Master-Jahr anerkannt werden. In Südafrika gilt der Grundsatz, dass ein Masterstudium erst nach einem vierjährigen Studium begonnen werden kann. Daher wird von Studierenden ein einjähriges Honours-Studium bei den dreijährigen Studiengängen angefügt, um die geforderte Zulassung zu gewährleisten.

Auszeichnung versus akademischer Grad

Akademische Grade dürfen in den Commonwealth-Staaten nur in der Form geführt werden, die (meist abgesetzt vom übrigen Text und in einer Zeile) durch die Verleihungsurkunde festgelegt ist. Beispielsweise kann im Urkundentext im Fall einer Honours-Auszeichnung „the degree of BACHELOR OF ARTS with first class honours“ oder beim akademischen Grad Bachelor with Honours „BACCALAUREATUS IN ARTIBUS CUM HONORE summa cum laude“ ausgeführt sein. Um in Dokumenten Verwechslungen zu vermeiden, darf in Kanada und auch in den USA ausschließlich der Diplom-Grad Bachelor with Honours/Baccalaureatus Cum Honore in der Abkürzung ohne Klammern geführt werden (z. B. *B.A. hons*, *BA hon.* oder *BSc hons.*), eine Honours-Auszeichnung (Honours Degree) hingegen darf hinter der Bachelor-Abkürzung höchstens in Klammern angegeben werden (z. B. BA *(Hon)* oder *(Hons)*). In Australien hingegen wird der akademische Bachelor with Honours-Grad de jure auch in der Abkürzung in Klammern geführt (z. B. *B.A. (Hons)*), weshalb es dort nicht erlaubt ist, eine gleich oder ähnlich lautende Honours-Auszeichnung hinter einem klassischen Bachelor-Grad anzuführen. Beide Schriftverkehr-Regelungen dienen der Vermeidung des Eindrucks, jemand, der einen klassischen Honours Bachelor-Abschluss erreicht hat, hätte im Anschluss daran auch den konsekutiven akademischen Grad Baccalaureatus Cum Honore bzw. Bachelor (Honours) erworben. Auch in Deutschland gibt es – wenn auch nur sehr vereinzelt – den akademischen Grad *Bachelor Honours*. Die entsprechenden Prüfungsordnungen sehen ein zweisemestriges Diplomstudium (im Umfang von 60 ECTS-Punkten) nach einem vorangegangen Bachelor (180 ECTS-Punkte) vor. Dieser Bachelor Honors-Grad ist dem traditionellen Diplom-Abschluss gleichwertig. (Siehe auch Amtliches Mitteilungsblatt, Prüfungsordnung der Hochschule Hannover 5/2002 nach § 2, Abs. 2 und §§ 25–30.) Der deutsche Diplom-Abschluss wird, so wie in Kanada, de jure auch in der Abkürzung ohne Klammern verliehen bzw. geführt (z. B. *BA hon.*).

Anhang 2: Exempel: Bachelor Studienordnung Physik Potsdam 2015[25]

§ 1 Geltungsbereich

(1) Diese Ordnung gilt für das Bachelorstudium im Studiengang Physik an der Universität Potsdam. Sie ergänzt als fachspezifische Ordnung die Neufassung der allgemeinen Studien- und Prüfungsordnung für die nicht lehramtsbezogenen Bachelor- und Masterstudiengänge an der Universität Potsdam (BAMA-O).

(2) Bei Widersprüchen zwischen dieser Ordnung und der BAMA-O gehen die Bestimmungen der BAMA-O den Bestimmungen dieser Ordnung vor.

§ 2 Abschlussgrad

Nach Erwerb der erforderlichen Leistungspunkte und nach Vorlage der Graduierungsvoraussetzungen verleiht die Universität Potsdam durch die Mathematisch-Naturwissenschaftliche Fakultät den Grad eines „Bachelor of Science“ („B.Sc.“).

§ 3 Ziele des Bachelorstudiums

Die Studienabsolventinnen und -absolventen verfügen über fundierte Kenntnisse der Physik. Sie beherrschen Methoden und Arbeitsweisen, die zur Aufnahme einer beruflichen Tätigkeit oder zur Fortsetzung des Studiums in einem Masterstudiengang befähigen. Arbeitsfelder sind neben der wissenschaftlichen Forschung an Universitäten und Forschungsinstituten auch die Forschungs- und Entwicklungsabteilungen der Firmen besonders im Bereich der

25 http://www.uni-potsdam.de/am-up/2015/ambek-2015-08-446-453.pdf (Zugriff: 21.11.2017).

Hochtechnologie und Informationstechnologie. Zudem befähigt das Bachelorstudium Physik zur Vermittlung von Wissenschaft in den Medien und der Öffentlichkeit. Durch ihre im Studium erworbenen Fähigkeiten im analytischen Denken und dem computergestützten Lösen von Problemen arbeiten die Physikabsolventen aber auch oft in scheinbar fachfernen Gebieten wie Bankwesen oder Management, Verwaltung und Politik sowie im Dienstleistungssektor. Die Studierenden

- beherrschen die Grundlagen der Mechanik, der Thermodynamik, der Elektrodynamik, der Optik, der Atom- und Quantenphysik und besitzen Überblickswissen in der Festkörper-, Kern- und Elementarteilchenphysik,
- sind vertraut mit den Arbeits- und Erkenntnismethoden der Physik. Sie sind in der Lage, physikalische Modelle zu bilden, zu analysieren und gegebenenfalls experimentell oder numerisch zu überprüfen. Sie verfügen über Kenntnisse und Fertigkeiten im Experimentieren, im Programmieren und im Handhaben physikalischer Mess- und Steuerungs-Geräte,
- beherrschen Theorie und Anwendung von Differential- und Integralrechnung, der Vektor- und Matrizenrechnung, der gewöhnlichen und partiellen Differentialgleichungen sowie Grundlagen der Statistik im Hinblick auf Anwendungen in der Physik,
- können ihre Arbeit sowohl im Team, als auch alleine organisieren und können so einzelne Arbeitsschritte und Fragestellungen identifizieren und aufteilen. Sie erlernen die wissenschaftliche Denk- und Arbeitsweise. Sie erlernen sowohl das experimentelle, als auch das mathematische überprüfen von Hypothesen. und können wissenschaftliche Sachverhalte dokumentieren, auswerten und kommunizieren.

§ 4 Dauer und Gliederung des Bachelorstudiums

(1) Das Bachelorstudium im Studiengang Physik wird an der Universität Potsdam als Ein-Fach-Studium mit einer Regelstudienzeit (Vollzeitstudium) von 6 Semestern und 180 Leistungspunkten angeboten.

(2) Das Bachelorstudium gliedert sich wie folgt:

Pflichtmodule	129 LP
Wahlpflichtmodule	21 LP
Berufsfeldspezifische Schlüsselkompetenzen	18 LP
Bachelorarbeit	12 LP

STUDIENINHALTE UND LEISTUNGSUMFANG

Module	LEISTUNGSPUNKTE
EXPERIMENTALPHYSIK	62 LP
Experimentalphysik I–V	
Grundpraktikum I & II	
F-Praktikum	
THEORETISCHE PHYSIK	38 LP
Mathematische Methoden der Physik	
Computerpraktikum	
Theoretische Mechanik	
Theoretische Elektrodynamik	
Quantendynamik	
Thermodynamik/statistische Physik	
MATHEMATIK	34 LP
Mathematik für Physiker I–IV	
ERGÄNZUNGSFÄCHER (WAHLPFLICHTMODULE)	24 LP
• Zusatzfach	
• Naturwissenschaftliche Fächer	
• Nichtphysikalische Fächer	
PHYSIKALISCH SPEZIALGEBIETE	22 LP
• Fachspezialisierung	
• Bachelorarbeit und Konsultationen	
Summe	

Literatur

Autorengruppe: Benteler, P. / Herttrich, M. / Kaminski, H. / Lauterbach, R. / Mikelskis, H. / Ratka, R. / Steinhilber-Schwab, B. / Wiedemann, R.: Unterrichtsmaterialien zur Diskussion um die Errichtung einer Wiederaufarbeitungsanlage für ausgediente Brennelemente aus Kernkraftwerken. Fallstudie Gorleben. Umweltmagazin Verlag, Berlin 1981, 360 S.

Bergstedt, C. / Horn, M. / Mikelskis, H. / Winter, R.: Energie. Berlin 2001, 64 S.

Bünder, W. / Häussler, P. / Lauterbach, R. / Mikelskis, H.: Jugendlexikon Technik – menschengerechte und naturverträgliche Technologie. Rowohlt, Reinbek bei Hamburg 1987, 398 S.

Elkana, Y. / Klöpper, H.: Die Universität im 21. Jahrhundert – Für eine neue Einheit von Lehre, Forschung und Gesellschaft. Edition Körber-Stiftung, Hamburg 2012.

Florin, C: Warum unsere Studenten so angepasst sind. Rowohlt, Reinbek 2014.

Fisch, S.: Geschichte der europäischen Universität – Von Bologna nach Bologna. München 2015.

Grünwald, R. / Kopper, M. / Pohl, M.: Die Turbo-Studenten – Die Erfolgsstory: Bachelor plus Master in vier statt elf Semestern. Gabal Verlag, Offenbach 2013.

Kalverkämper, H.: Wissenschaft als Berufung. Frank & Timme, Berlin 2016 (ZeitZeugnis, Band 1).

Kellermann, P. / Guggenberger, H. / Weber, K. (Hg.): Universität nach Bologna? Hochschulkonzeption zwischen Kritik und Utopie. Mandelbaum Kritik & Utopie Verlag, Wien/Berlin 2016.

Krautz, J.: Ware Bildung – Schule und Universität unter dem Diktat der Ökonomie. Diederichs, München 2007.

Kress, K. / Mikelskis, H. / Müller-Arnke, H. / Reichenbacher, W.: Energie – regenerative Energiequellen und alternative

Energietechnologien. Diesterweg/Sauerländer, Frankfurt/Berlin/München 1984, 219 S.

Kovce, P. / Priddat, B. P. (Hg.): Die Aufgaben der Bildung – Aussichten der Universität. Metropolis, Marburg 2015.

Lenzen. D.: Bildung statt Bologna! Ullstein, Berlin 2014.

Liessmann, K. P.: Theorie der Unbildung – Die Irrtümer der Wissensgesellschaft. Piper, München 2015.

Lohmann, I. / Mielich, S. / Muhl, F. / Pazini, K.-J. / Rieger, L. / Wilhelm, E.: Schöne neue Bildung? – Zur Kritik der Universität der Gegenwart. transcript, Bielefeld 2011.

Marquardt, B. / Mayer, J. / Mikelskis, H.: Umwelt – Lexikon ökologisches Grundwissen, Rowohlt, Reinbek bei Hamburg 1993, 514 S.

Mikelskis, H. / Lauterbach, R.: UE 9.3. „Energieversorgung durch Kernkraftwerke", IPN Curriculum Physik für das 9. und 10. Schuljahr. Klett, Stuttgart 1976, 200 S.

Mikelskis, H. (Hg.): Alternative Energiequellen. Themenheft 6: Naturwissenschaften im Unterricht – Physik / Chemie, Aulis/Deubner, Köln 1981, 64 S.

Mikelskis, H.: Didaktiken der Physik: Synopse und Kritik. didaktischer dienst franzbecker, Bad Salzdetfurth/Hildesheim 1982, 140 S.

Mikelskis, H. (Hg.): Umweltbildung in Schleswig-Holstein. IPN Kiel 1990, 250 S.

Mikelskis, H.: Goethes Farbenlehre heute – Betrachtungen zur Zeitgemäßheit einer vermeintlich veralteten Naturauffassung. Goethe Gesellschaft Kiel 1990, 32 S.

Mikelskis, H.: Physikunterricht in der Herausforderung durch die ökologische Krise und die neuen Technologien – eine Rückbesinnung auf Wagenscheins „Ehrfurcht und Urteilskraft" als Zukunftsperspektive der Physikdidaktik. physica didactica 13, 1986, S. 43–51.

Mikelskis, H. (Hrsg.): Physik-Didaktik – ein Praxishandbuch für die Sekundarstufe I und II. Cornelsen-Scriptor Berlin 2006, 288 S.

Mikelskis, H.: Goethe im Physikkurs? oder: „Wär' nicht das Auge sonnenhaft, wie könnten wir das Licht erblicken". In: Physik in der Schule 36, 4, 1998, S. 123–128.

Müller, Olaf L.: Mehr Licht – Goethe mit Newton im Streit um die Farben. S. Fischer, Frankfurt am Main, 2015.

Münch, R.: Globale Eliten, lokale Autoritäten – Bildung und Wissenschaft unter dem Regime von PISA, McKinsey und Co., Suhrkamp, Frankfurt 2009.

Munske, H. H.: Unsere Universität im Abstieg ? Bologna, BAföG, Bachelor – Beobachtungen und Ratschläge. Frank & Timme, Berlin 2014.

Nida-Rümelin, J.: Philosophie einer humanen Bildung. Edition Körber-Stiftung, Hamburg 2013.

Nida-Rümelin, J.: Der Akademisierungswahn. Zur Krise beruflicher und akademischer Bildung. Edition Körber-Stiftung, Hamburg 2014.

Nida-Rümelin, J. / Klaus Zierer: Auf dem Weg in eine deutsche Bildungskatastrophe – Zwölf unangenehme Wahrheiten. Herder, Freiburg im Breisgau, 2015.

Prado, P.: Das Prinzip Universität – als unbedingtes Recht auf Kritik. Diaphanes, Zürich 2010.

Priddat. B. P.: Wir werden zu Tode geprüft – Wie man trotz Bachelor, Master und Bologna intelligent studiert. Murmann, Hamburg, 2014.

Schrittesser, I. (Hg.): University goes Bologna: Trends in der Hochschullehre – Entwicklungen, Herausforderungen, Erfahrungen. Facultas. Wien, 2009.

Wagner, W.: Tatort Universität – Vom Versagen deutscher Hochschulen und ihrer Rettung. Klett-Cotta, Stuttgart 2010.

Über den Autor

Helmut Mikelskis (* 1. November 1947 in Bad Hersfeld) ist ein Hochschulprofessor, Politiker und Autor.

Er studierte Physik in Göttingen mit Diplom und zusätzlich Pädagogik, Psychologie, Soziologie und Philosophie.

1979 wurde er mit einer Arbeit zur Didaktik der Physik über das „Verhältnis von Wissenschaft und Lebenswelt" in Kiel und Bremen promoviert.

Er war dann Mitarbeiter am pädagogischen Seminar der Universität Göttingen und Wissenschaftlicher Mitarbeiter am Institut für die Pädagogik der Naturwissenschaften in Kiel. Seine Arbeitsschwerpunkte waren Naturwissenschaftsdidaktik, Umweltbildung, Technologieentwicklung und Naturphilosophie.

1978 wurde Mikelskis Mitglied des SPD-Landesvorstandes, 1991 stellvertretender SPD-Landesvorsitzender und 1992 wurde er im Wahlkreis Rendsburg-Süd direkt in den Landtag von Schleswig-Holstein gewählt.

Jedoch legte er sein Mandat schon zum 12. Oktober 1992 nieder, um den Ruf auf die Professur „Didaktik der Physik“ an der Universität Potsdam anzunehmen. Dort war er Dekan der mathematisch-naturwissenschaftlichen Fakultät und danach Direktor des Instituts Physik und Astronomie.

1999 trat er aus Protest gegen die Sozial- und Friedenspolitik Schröders und den Kriegseinsatz in Jugoslawien aus der SPD aus.

Seit 2011 lebt er als freier Autor in Freiburg im Breisgau.

Helmut Mikelskis ist verheiratet, hat zwei Söhne und bisher zwei Enkel.

ZeitZeugnis. Vitale Historiographien aus den Wissenschaften

Bd. 1 Hartwig Kalverkämper: Wissenschaft als Berufung.
250 Seiten. ISBN 978-3-7329-0195-1

Bd. 2 Richard Brütting: Italien – erlebt, erzählt, erforscht.
Von frühen Italienreisen zu Italienischen Kulturstudien.
252 Seiten. ISBN 978-3-7329-0368-9

Bd. 3 Helmut F. Mikelskis: Bachelor and Master of Disaster – Abschied von einem Universitätsstudium als Ort humaner Bildung? 122 Seiten. ISBN 978-3-7329-0383-2

Bd. 4 Ludwig Stockinger: Germanistische Literaturwissenschaft nach der deutschen Einheit. Ein Leipziger Erfahrungsbericht. 318 Seiten. ISBN 978-3-7329-0605-5

Bd. 5 Helen Leuninger: Universum Universität.
Akademische Episoden aus fünf Jahrzehnten.
150 Seiten. ISBN 978-3-7329-0675-8

Bd. 6 Jürgen Lehmann: Wege nach Westen – Wege nach Osten.
Erinnerungen an eine Jugend in Deutschland.
260 Seiten. ISBN 978-3-7329-0736-6

Bd. 7 Ulla Fix: Sprachwissenschaftlerin zwischen *Ost* und *West*.
Erlebnisse, Überlegungen und Erfahrungen.
194 Seiten. ISBN 978-3-7329-0756-4

Frank & Timme